Kein BullshitX

Kein Bullshit X

Bausteine für gute Manager

Markus Baumanns und
Torsten Schumacher

MURMANN
MURMANN PUBLISHERS

Dieses Buch wurde klimaneutral produziert:

Bibliografische Information der Deutschen Nationalbibliothek
Die Deutsche Nationalbibliothek verzeichnet diese Publikation in der Deutschen Nationalbibliografie; detaillierte bibliografische Daten sind im Internet über http://dnb.d-nb.de abrufbar.

Illustrationen: Britta Tondock
Druck und Bindung: CPI books GmbH, Leck
Printed in Germany

ISBN 978-3-86774-587-1

Besuchen Sie unseren webshop: www.murmann-verlag.de
Ihre Meinung zu diesem Buch interessiert uns!
Zuschriften bitte an info@murmann-publishers.de
Den Newsletter des Murmann Verlages können Sie anfordern unter newsletter@murmann-publishers.de

Inhalt

WAS FÜR EIN BULLSHIT!

Alltag in vielen Unternehmen: Quälende Organisationsdebatten über Inseldenken, Selbstoptimierungen und Grabenkriege. Die übergreifende Zusammenarbeit ist ein Drama. Geredet wird viel von Agilität. Überdies endlose und schlecht geführte Meetings. Mut zu Entscheidungen? Fehlanzeige. Sinnbefreite Karotten vor der Nase sollen Anreize schaffen, so etwas wie Motivation entfachen. Dabei funktioniert das Konzept nicht einmal bei echten Eseln, außer dass es deren Anspruchsdenken erhöht. Gefaselt wird von den »Mitarbeitern als wichtigstes Asset«, gleichzeitig befinden sich die überragend wichtigen Führungsaufgaben rund um die Themen Personalauswahl, Beförderungen und Trennungen in einem erbärmlichen Zustand. Führungskräfte, die allerorten jammern, dass sie für Führung aufgrund des Tagesgeschäftes einfach keine Zeit haben. Das alles muss nicht sein.
In unserem Buch *Kein Bullshit** haben wir bereits ausführlich den Bullshit analysiert, der Unternehmen lähmt. Hier legen wir die zehn größten Wortblasen offen, zeigen, wie Sie sich davon befreien können, und worauf es wirklich ankommt. Am Ende bleibt kein Bullshit übrig.

* Murmann Publishers, Hamburg, 208 Seiten, 29,99 Euro, ISBN 978-3-86774-381-5

»WIR MÜSSEN GENAUER PLANEN UND MEHR KONTROLLIEREN«

Bullshit 1

__Jeden Herbst der gleiche Wahnsinn. Heerscharen von Controllern und Unternehmensplanern sitzen in den Startlöchern, um die Geschäftsentwicklung des nächsten Jahres nach allen Regeln der Kunst abzubilden. Die Spielregel lautet: Je detaillierter und genauer, desto besser. So werden Zahlenkolonnen für jede Kosten- und Ertragsart erstellt und mit den dazugehörigen Excel-Tabellen Wände tapeziert. Die Planungsorgie legt ganze Unternehmensbereiche für Monate lahm. Und wenn die Zahlen nicht den vermuteten Erwartungen des Aufsichtsrats entsprechen, legt der Vorstand im Handstreich noch eine Schippe auf die Planungszahlen drauf. Analyse hin, Analyse her. Die Karawane der Planer durchpflügt das Unternehmen, bis das Budget des Folgejahres Anfang Dezember vom Aufsichtsrat genehmigt wird. Dann sinken wir erschöpft unter den Weihnachtsbaum. Spätestens im Februar gibt es, oh Wunder, erste Abweichungen von der Planung. Aufwendige Rechtfertigungsrituale für vermeintliche Planungsfehler werden in Gang gesetzt und lähmen die Organisation zusätzlich. Die Folge ist neue Planung, bis auch die nach einigen Wochen wieder obsolet ist. So geht es munter weiter, bis im Herbst Planung und IST zusammenfließen. Außerdem beginnt schon die nächste Jahresplanung. Und kurz vor Jahresende wird die Ausgabenmaschinerie für den Fall aktiviert, dass geplante Budgets kurz vor Jahresende noch nicht ausgeschöpft sind. Dieses »Dezember-Fieber« ist trauriger Alltag. Und wer seine Planwerte schon vor Jahresende erreicht hat, wird zusätzliche Umsätze oder Deckungsbeiträge nach hinten schieben und somit die Ausgangsbasis des eigenen Arbeitsbereichs für das Folgejahr verbessern – zum Schaden des Unternehmens.

__Hallo, geht's noch? Wieder so eine Selbstbeschäftigung, deren Sinnlosigkeit (fast) jeder ahnt und für die kein Kunde zahlt.

// PLANUNG ABSCHAFFEN

Schaffen Sie den Planungswahnsinn ab. Er bringt keinerlei Erkenntnisgewinn und erzeugt riesige Transaktionskosten.

__In einer Zeit, in der alle Geschäftsmodelle durch die digitale Transformation auf dem Prüfstand stehen und die Unsicherheit groß ist, wirken diese Planungsexzesse noch sinnloser, als sie es immer schon waren. Planungen gehen von linearen Rahmenbedingungen aus. Das mag noch einigermaßen funktioniert haben in Zeiten, in denen Wettbewerbsvorteile aus Effizienzsteigerung und Kostenvorteilen entstanden und Rahmenbedingungen halbwegs erwartbar waren. Den Gedanken der Standardisierung linearer Prozesse als wichtigen Pfeiler unternehmerischen Erfolgs hat der amerikanische Eisenbahningenieur Frederick Winslow Taylor in seinem 1911 erschienenen Buch *The principles of scientific management* beschrieben. Das Buch entstand im Zeitalter der ersten Industrialisierung, in der Massenfertigungen wiederkehrende Fertigungsabläufe am Fließband forderten. Jeder einzelne Fertigungsschritt wurde genau beschrieben und kontrolliert.

__Haben Sie gerade ein Déjà-vu? Genau. Unsere geliebten und verhassten Prozessbeschreibungen folgen genau diesem Muster. Im Wunsch nach Kontrolle allen Handelns im

Dienst der Effizienzsteigerung liegen auch die Quellen der uns vertrauten Sprachregelungen, Abstimmungen, Berichtslinien und Genehmigungserfordernisse nach Hierarchieebenen. Die ganze Art, unsere Unternehmen zu organisieren, unsere Zusammenarbeit zu gestalten und unsere Mitarbeiter zu führen, folgt der Taylor'schen Logik. Und in der Tat hat uns diese Maxime über 100 Jahre große wirtschaftliche Erfolge beschert.

// PROZESSBESCHREIBUNGEN ENTSORGEN

- **Entsorgen Sie Ihre Prozessbeschreibungen.**
- **Etablieren Sie stattdessen eine lebendige unternehmensweite Plattform, in der Ihre Mitarbeiter wichtige Erkenntnisse der Zusammenarbeit fortlaufend teilen.**

__Jetzt aber funktioniert es nicht mehr. Jeder spürt das, jeden Tag. Die Prozesse »laufen nicht rund«. An den »Schnittstellen« hakt es dauernd. Die Handbücher mit Prozessbeschreibungen, die jahrelang in zeitaufwendiger Kleinarbeit erstellt wurden, versinken nahezu unbeachtet im Nirwana der digitalen Ordnerstruktur. Als Reaktion auf diese misslichen Umstände rufen wir verzweifelt nach noch mehr Prozessen und Kontrolle. Dabei merken wir nicht, dass wir die Herausforderungen von heute mit den Rezepten von gestern lösen wollen.

__Heute, in Zeiten von Industrie 4.0 und zunehmender Digitalisierung des Geschäfts, verfehlt das von Taylor postulierte Mantra nach Effizienzsteigerung das Thema. Es geht nicht mehr länger um Massenfertigung von immer gleichen Produkten, sondern um die Erfüllung von zunehmend individuellen Kunden- und Konsumentenbedürfnissen. Damit geraten über Jahrzehnte gewachsene Gesetzmäßigkeiten von Branchen und Geschäftslogiken ins Wanken. Wir beobachten das im von der Digitalisierung betroffenen Verlagswesen. Wir sehen eine Abenddämmerung der Automobilindustrie, die durch Mobilitätsplattformen über mehrere Verkehrsträger hinweg, Sharing Economy und hausgemachte Probleme von Grund auf erschüttert wird. Die Energiewirtschaft kommt nur sehr mühsam auf dem Weg zur Energiewende voran. Die Zukunft dieser und anderer Branchen wird nicht mehr durch Steigerung von Effizienz, sondern durch Innovationskraft, Querdenken und Sich-selbst-in-Frage-stellen gestaltet. Heute sind notorisch neugierige Menschen gefragt, die zu experimentieren bereit sind und in dynamischen Organisationen arbeiten.

// TAYLOR IST MAUSETOT

Und mit ihm die Art, wie Sie Ihre Unternehmen organisieren. Ihre Planungsprozesse führen die Liste der ausgestorbenen Dinosaurier an.

__Was aber gibt uns Orientierung in den Ungewissheiten, die wir erleben und erwarten? Es ist weniger die Planung selbst, die das Problem darstellt. Es ist unsere Haltung dahinter. Anstatt sie für bare Münze zu nehmen und einen ganzen Apparat von tayloristischen Kontrollmechanismen darüber zu legen, sollten wir einen Moment innehalten.

// PLANUNGEN ALS HYPOTHESEN VERSTEHEN

- Betrachten Sie Planung als Hypothese oder als mögliches Szenario.
- Begreifen Sie Abweichungen nicht als Planungsfehler, sondern als Normalität.
- Versuchen Sie die vermeintlichen Planungsfehler nicht auszugleichen. Fragen Sie vielmehr nach deren Ursachen: Sind es hausgemachte Probleme, die Sie abschalten können? Oder sind es strukturelle Bedrohungen Ihres derzeitigen Geschäftsmodells, die ein völliges Umsteuern erfordern?

__Mehrjahresplanungen befinden sich ebenfalls in einem erbärmlichen Zustand. Es geht damit los, dass wir Ziele mit Zahlen verwechseln. Zahlen, die jeden Kontext vermissen lassen: Was ist der Grund für den erwarteten Umsatzzuwachs um 30 Prozent in den nächsten fünf Jahren? Dass wir uns wünschen, dass wir deutlich über dem dreiprozentigen Wachstum der Branche liegen, ist kein Argument für diese Annahme. Und warum sollte es uns in den nächsten Jahren gelingen, unsere Marge um jeweils fünf Prozent zu steigern, wenn es in den Jahren zuvor nicht geklappt hat? In aller Regel lassen Strategieplanungen jede Antwort auf das »Warum« und »Wie« vermissen. Ein Umstand, der angesichts der vor uns liegenden Unsicherheiten den Verdacht nährt, dass »die da oben« auch keine Ahnung haben, wo es hingeht.

// DYNAMISCHE STRATEGIE IN UNGEWISSHEIT

- Erarbeiten Sie ein Zielbild in einem Fünf-Jahres-Horizont, das in wenigen Sätzen die zukünftige Ausrichtung Ihres Geschäftsmodells beschreibt: Wo und wofür stehen wir als Unternehmen in fünf Jahren? Wie sieht unser Dienstleistungsspektrum aus? Wer werden unsere Kunden sein? Wie schaffen wir eine Umgebung, in der unerwartete Innovationen entstehen und gedeihen können?
- Leiten Sie aus dem Zielbild maximal fünf strategische Ziele mit einem Zeithorizont von drei Jahren ab; die wichtigsten Hebel für die anstehende Veränderung, und machen Sie deren Erreichen messbar.
- Handlungsfelder auf vier Ebenen – Finanzen/Kosten, Markt/Kunden, Organisation und Menschen – bündeln Maßnahmen inhaltlich mit klaren Verantwortlichkeiten und Zeitschienen in einer Halb- bis Ein-Jahres-Perspektive.
- Die in diesem Vorgehen angelegten unterschiedlichen Zeitperspektiven und ein laufendes Monitoring zwingen Sie zu einem ständigen Abgleich der Strategie und ihrer Umsetzung mit aktuellen Marktentwicklungen.

__In einem Zug gehört auch die Praxis der individuellen Zielvereinbarung kernsaniert. In dümmlicher Konsequenz zur fehlgeleiteten Planungspraxis formulieren wir auch hier individuelle Ziele ohne Kontext: »Nächstes Jahr steigerst du die Neuakquise von Kunden wieder um 20 Prozent.« Oder: »Noch 25 Neuabschlüsse, dann erhältst du eine Sonderzahlung.« Wir denken uns sinnlose individuelle Ziele aus, wie die Anzahl von Anrufen bei Neukunden oder die Teilnahme eines Mitarbeiters an einem Entwicklungsprogramm. Hier geht es nicht um die Wirkung unseres Tuns, sondern um die schiere Anzahl. Wir formulieren Ziele für jeden erdenklichen Aspekt des betrieblichen Geschehens. Das Ergebnis ist ein Zielgestrüpp mit zehn oder mehr Zielen pro Person, das niemand mehr durchschauen geschweige denn handhaben kann. Schließlich verordnen wir Ziele in einem Top-down-Akt, wobei jede Hierarchiestufe die eigenen Ziele 1:1 nach unten weitergibt. Dieses durchsichtige Manöver versteht wirklich jeder, der einem Vor-Gesetzten nachgesetzt ist. Und dann jammern wir noch über mangelnde Motivation unserer Mitarbeiter.

// ZIELVEREINBARUNGSPRAXIS KERNSANIEREN

- **Eine Zielvereinbarung ist eine Vereinbarung in zwei Richtungen.**
- **Vereinbaren Sie nicht viel Kleinkram, sondern wenige »große« Themen, welche die Schwerpunkte der Arbeit Ihres Mitarbeiters für die nächste überschaubare Zeit abbilden.**
- **Leiten Sie individuelle Ziele nachvollziehbar aus der Strategie ab. Das schafft die Verbindung der individuellen Arbeit des Mitarbeiters mit dem großen Ganzen, gibt Orientierung und motiviert wirklich.**
- **Schlagen Sie Taylor ein Schnippchen: Vereinbaren Sie Ziele, aber überlassen Sie den Weg dorthin Ihrem Mitarbeiter. Begleiten Sie ihn auf dem Weg zur Erreichung der Ziele, wo immer dieser Sie darum bittet.**

»ICH MUSS DRINGEND INS NÄCHSTE MEETING«

Bullshit 2

__Jeder weiß, dass Meetings die größte Quelle für die Verschwendung von Zeit im Unternehmensalltag sind. Laut einer Untersuchung der Unternehmensberatung Bain & Company in 17 Konzernen sitzen Topmanager 90 Prozent ihrer Zeit pro Woche in Sitzungen, Besprechungen oder Jour fixes. Egal zu welcher Tageszeit Sie in einem Unternehmen anrufen: Sie haben das Gefühl, ganz Deutschland sitzt von montags bis freitags in Meetings. »Müller ist zurzeit leider nicht zu sprechen. Er ist im Budgetmeeting mit der Leitung der Kommunikationsabteilung. Direkt im Anschluss hat er ein Treffen zur Vorbereitung der nächsten Vorstandssitzung mit den Kollegen aus den Abteilungen Controlling, Strategie und Personal. Am Nachmittag gibt es noch eine Lücke von 15 Minuten, bevor er dann eine Sitzung zum neuen Nachhaltigkeitsbericht mit der Werbeagentur und weiteren Kollegen hat. Da können wir das Telefonat einplanen. Aber nur, wenn sich nichts verzögert …« Natürlich wird es sich verzögern, wie der Assistent aus leidvoller Vorerfahrung weiß. So hetzt die Managerkaste kollektiv von Meeting zu Meeting und immer leicht verspätet ihrem Terminkalender hinterher. Der ganz normale Wahnsinn, tagein, tagaus. Und alle finden es ätzend, weil sie spüren, dass der zeitliche Aufwand in keinem Verhältnis zum Ertrag steht.

__Bei so viel Übereinstimmung fragt sich, was uns daran hindert, dieses Format von Grund auf zu sanieren. Es lohnt ein Blick auf die Wurzel des Übels. Das Meeting ist kein inhaltsleerer Denglizismus, sondern wurde in den 1990er-Jahren als neue Form der Mitarbeiterführung in den betrieblichen Alltag eingeführt. Produktions- und Entscheidungsprozesse sollten transparent werden. Meetings dienten als Plattform für den Austausch von Erfahrungen und Wissen innerhalb oder über Abteilungsgrenzen hinweg und dazu, Entscheidungen transparent vorzubereiten und zu treffen. Wie so häufig wurden eigentlich gute Ideen im Laufe der Zeit durch Missbrauch weichgespült beziehungsweise ad adsurdum geführt. Wegen eines inflationären Einsatzes und weil grundlegende Regeln eines konstruktiven, effektiven Dialogs missachtet werden, verkommen Meetings zu Laberrunden. Und obwohl alle mit allen dauernd reden und in Meetings zusammenhocken, ist gleichzeitig die Klage darüber, dass viel zu wenig kommuniziert wird, auf den Unternehmensfluren groß. Das passt alles vorne und hinten nicht zusammen. Also: Wie können wir Meetings grundsanieren?

__Beim viel gehörten Satz »Zur eigentlichen Arbeit komme ich erst am Abend« beginnt das Problem. Mit »eigentlicher Arbeit« werden das Abarbeiten von Mails sowie konzeptionelle Arbeit bezeichnet, die Ruhe braucht. Wenn Meetings nicht »eigentliche Arbeit« sind, wozu sind sie dann überhaupt gut? Wie viele Meetings hatten Sie in der vergangenen Woche – fünf, zehn, zwanzig? Und wie viele waren gefühlt überflüssig – 50 Prozent, 70 Prozent, noch mehr?

// WARUM?

- **Hinterfragen Sie, ob ein Meeting überhaupt notwendig ist. Häufig genug lassen sich relevante Fragestellungen durch kurze, gut vorbereitete Telefonate oder bilaterale Gespräche klären.**
- **Für den reinen Informationsaustausch gibt es effektivere Formen der innerbetrieblichen Kommunikation: ein gut geführtes Intranet, Slack oder Yammer.**

__Einen Tag vor dem angesetzten Meeting zum Status quo der Strategieumsetzung am Mittwoch erhalten wir umfangreiche PowerPoint-Präsentationen. In Ermangelung von Zeit wegen zahlreicher anderer Meetings können wir die Unterlagen nicht vorab lesen. Macht nichts. In der Sitzung werden die Präsentationen noch einmal alle vorgetragen. Da die Zeit nun knapp wird und vor allem Schulz bei der Darstellung seines Themas wie immer länger braucht, sind im Anschluss an die Präsentationen keine Fragen mehr möglich. Das Ende des Meetings kommt abrupt. Schulz, der seine Punkte setzen konnte, muss pünktlich gehen, weil eine angeblich wichtige Besprechung ansteht. Frustriert verlässt jeder Teilnehmer den Besprechungsraum: Was haben wir jetzt erfahren, was wir nicht vorher schon wussten? Sind wir irgendwie weitergekommen? Die schon seit langem drängende Frage nach der Neubearbeitung unserer Kernmärkte ist nun immer noch nicht klar.

// WAS?

- Ein gut geführtes Meeting setzt Wissen voraus. Planen Sie genügend Vorbereitungszeit ein, um sich Informationen anzueignen. Konzentrieren Sie sich im Meeting auf die Punkte, die einer vertieften Diskussion bedürfen.
- Erfragen Sie diese Punkte vorab: »Was sind die drei drängendsten Fragen, die wir in diesem Meeting beantworten müssen?« Richten Sie die Agenda auf diese Fragen aus – mit genügend Raum für die Diskussionen, auf die es ankommt.

__Da ist Schmitz schon wieder. Er drängt sich in jedes Meeting, in dem er sich vor der Geschäftsführung positionieren kann. Er schwafelt irgendetwas von »Man müsste ...«, »Ich habe ja schon immer gesagt ...«, »Wir sollten endlich ...«. Nichts als heiße Luft. Und die Koch natürlich. Ihre Beiträge bestehen grundsätzlich nur aus Bedenken gegenüber allem, was vorgeschlagen wird. Sie hat immer ein Protokoll von vor fünf Jahren parat, aus dem sie mit erhobenem Zeigefinger zitiert, um dann festzustellen: »Seht ihr, die gemeinsame Marktbearbeitung von Marketing und Vertrieb hat schon damals nicht funktioniert.« Sie hat wohl sonst nichts zu tun.

__Für viele gilt die Devise: Hauptsache dabei sein. Untersuchungen sagen, dass maximal sieben bis acht Teilnehmer ideal für ein effektives Meeting sind. In der Realität nehmen 15 oder 20 Kollegen teil, von denen die Hälfte nicht weiß, worum es geht. Durchbrechen Sie diesen Unsinn.

// WER?

- Prüfen Sie kritisch, wer teilnimmt. Lassen Sie sich dabei nicht leiten von falschen Rücksichtnahmen. Nicht: »Welche Abteilung muss repräsentiert sein?«, sondern: »Wer hat zu dem Thema etwas substanziell beizutragen?«
- Streichen Sie den Satz: »Aber die Bereichsleiter müssen wir dabeihaben!« aus Ihrem Repertoire. Holen Sie sich neugierige, wache und kreative Kollegen hinzu, unabhängig von deren hierarchischer Stellung. Halten Sie die Diskussionen mit den beleidigten Schmitzens und Kochs dieser Welt aus, die nicht mehr dabei sind.
- Im Ergebnis hat die Zusammenkunft so wenig Teilnehmer wie möglich und so viele wertvolle Perspektiven wie nötig.

__Der Meetingtisch ist übersät mit Kekstellern und Kaffeekannen. Die Teilnehmer räkeln sich in bequemen Ledersitzen. Beim ersten Meeting des Tages freuen Sie sich noch auf den frischen Kaffee und den Plausch mit der neuen Kollegin. Spätestens ab Meeting Nummer drei am Tag wird der Kaffee abgestandener, die Kekse werden weicher, der Blick stumpfer, die Konzentration schwächer und der Blick aufs Handy zur Dauerbeschäftigung. Meetings zwischen willkommenem Zeitvertreib und Tortur.

// WIE? – DER RAHMEN

• Streichen Sie Keksteller und Kaffee im Meeting, damit sich keiner in konsumtiver Bräsigkeit einlullen kann. Planen Sie stattdessen alle 90 Minuten eine Pause ein, um Geist und Körper durchzulüften: beim Spaziergang, bei einem Pausenkaffee im Stehen. Die besten Gedanken kommen im informellen Austausch.

• Halten Sie die Meetings nicht als Sitzungen, sondern als Stehungen ab. Meetings am Stehtisch sind um 30 Prozent kürzer und um 70 Prozent effektiver als Sitzungen.

__Die Teilnehmer strömen in den Sitzungsraum, klappen ihre Laptops auf und beantworten während des Meetings ihre Mails. »Irgendwann muss ich ja die E-Mail-Flut von heute abarbeiten, damit ich morgen früh nicht mit einem Rückstand anfange. Oder auf Kosten des freien Abends mit meinem Freund damit erst um 19 Uhr heute Abend beginnen.« Laut zahlreichen Untersuchungen beantwortet jeder fünfte Meetingteilnehmer mindestens die Hälfte der Zeit E-Mails und hört nur die Hälfte.

__Derweil läuft das Meeting aus dem Ruder. Immer wieder verliert sich die Diskussion in operativen Themen. Anstatt wie vorgesehen über den Vorschlag zur Verschlankung der Planungsprozesse zu sprechen, formulieren die 15 Teilnehmer gemeinsam eine halbe Stunde lang eine E-Mail an einen Dienstleister. Am Ende stellen Sie fest, dass Sie wieder nur die Hälfte geschafft haben. Sie verschieben das Thema Planungsprozess erneut auf das nächste Meeting.

// WIE? – ZIELE UND AGENDA SETZEN

- **Machen Sie den ultimativen Meetingtest. Verlassen Sie den Raum, während alle hinter den aufgeklappten Laptops sitzen, und schauen Sie, ob Ihre Abwesenheit auffällt. Fordern Sie volle Aufmerksamkeit für die Themen, die Sie sich vorgenommen haben.**
- **Definieren Sie die Zielsetzungen des Meetings vorab, leiten Sie die Agenda daraus ab. Sollten Sie eine Outlook-Einladung ohne klare Zielsetzung und Agenda erhalten, sagen Sie Ihre Teilnahme ab. Das ist die wirkungsvollste Demonstration gegen Zeitverschwendung.**

__Wenn Mahlzahn anhebt, rollen schon alle innerlich die Augen: »Das wird wieder so ein Dauermonolog.« Er hört sich zu gerne selbst reden. »Es ist alles gesagt, aber noch nicht von jedem«, lautet die Devise. Meetings bieten aller Art von Typen Raum zur ungehinderten Entfaltung: Selbstdarstellern, Nörglern, Zeitfressern und Wichtigtuern. Diese Typen haben alle eines gemeinsam: Sie sind entweder Selbstoptimierer auf Kosten des Unternehmens oder kompensieren den Frust über drohende oder tatsächliche Bedeutungslosigkeit mit Gelaber. Darüber zwingen sie vorwärtsgewandte, lösungsorientierte und am Gelingen des Ganzen interessierte Kollegen in die Ineffizienz. Und um der Unverschämtheit die Krone aufzusetzen, klagen sie schließlich darüber, dass ihre Meinung nicht interessiere und die Entscheidungsfindung undemokratisch sei.

__Lassen Sie nicht zu, dass Meetings zum gezielt eingesetzten Instrument für Egomane und Rücksichtslose werden.

// WIE? – MODERIEREN UND FÜHREN

• Ein Meeting zu führen ist anspruchsvolle Führungsarbeit. Strukturieren Sie die Diskussion und fassen Sie Zwischenergebnisse immer wieder zusammen. Unterbrechen Sie Dauerredner und Selbstdarsteller. Involvieren Sie ruhigere Teilnehmer.

• Die Königsdisziplin liegt darin, den schmalen Grat zwischen freiem Diskussionsfluss und gezielter Intervention zu meistern. Dafür hilft kein Handbuch, nur viel üben.

• Und am Ende formulieren Sie klare Arbeitsaufträge. Für deren Erledigung finden Sie Verantwortliche. Termine setzen Sie eher eng als zu weit.

__Im Grunde sind diese Anregungen an Trivialität kaum zu überbieten. Konsequent eingehalten aber können sie spürbar die Profitabilität unserer Unternehmen steigern. Denn schlecht durchgeführte Meetings mit hoch bezahlten Teilnehmern, die nutzlos herumsitzen, erzeugen nichts anderes als gewaltige Transaktionskosten. Meetings sollten nicht teure alltägliche Realität, sondern wertvolle Ausnahme sein. Probieren Sie es aus – gleich Montag früh beim ersten Meeting der Woche.

»WIR HABEN NOCH NICHT ALLES ANALYSIERT. ICH KANN DAS SO NICHT ENTSCHEIDEN«

Bullshit 3

__Stöhnen gehört zum guten Ton: über den Markt, der so unglaublich komplex ist; über Entscheidungsprozesse, die so zäh, undurchsichtig und überhaupt schwierig sind; über die ach so schnelle digitale Transformation, die lästigerweise alles durcheinanderbringt und eine Bedrohung der Ruhe im Unternehmen darstellt; über das steuerliche Zwangskorsett; über die politischen Rahmenbedingungen, die jeden unternehmerischen Freiraum abschnüren; über die globalisierte Welt. Dann das um Verständnis heischende Achselzucken: »Wie soll man unter solchen Bedingungen Entscheidungen treffen?« Ein Armutszeugnis. Denn wenn es keine Schwierigkeiten für Entscheidungen gäbe, bräuchte es kein Management. Gerade wegen bestehender Zielkonflikte legitimiert sich Management überhaupt erst. Und in Zeiten größerer Umbrüche ist spürbar, dass Mut zu Entscheidungen mehr denn je gefragt ist. Hier trennt sich die Spreu vom Weizen im Management.

__Reflexhaft klammern wir uns für unsere Entscheidungsfindung an Rezepte und immer wiederkehrende Verhaltensmuster.

__So stehen zum Beispiel Benchmarking-Analysen hoch im Kurs. Sie blenden jedoch hartnäckig deren gravierende Mängel aus: Es werden fast immer Äpfel mit Birnen verglichen. Die einzigartige Entwicklungsgeschichte des Unternehmens bleibt außen vor. Folgerichtig stellen wir nach dreimonatiger intensiver Recherche fast erleichtert fest, dass wir die Dinge dann doch nicht vergleichen können, und machen weiter wie bisher. Im Übrigen gilt: Wer sich ständig mit anderen vergleicht, wird vor allem eines: gleicher.

// BENCHMARKING IST ÜBERFLÜSSIG

- **Fangen Sie mit Benchmarking erst gar nicht an und sparen Sie wertvolle Zeit und Kosten. Es bringt sowieso keinen relevanten Erkenntnisgewinn.**
- **Wenn Sie Ihre Stärken und Schwächen nicht kennen, fragen Sie die, die Sie am besten einschätzen können: Ihre Kunden.**

__Je unsicherer das Umfeld, desto größer der Reflex nach Absicherung von Entscheidungen. Die Spielregel dieser Kunst lautet: Je detaillierter und genauer, desto besser. Zahlenfriedhöfe aus Datenkolonnen, mit denen wir danach trachten, jede Eventualität abzusichern, sind die Folge. Ein prominentes Anwendungsgebiet dieses Phänomens liegt in der Frage, wie knappe finanzielle Mittel allokiert werden. Die entsprechenden Budgetrunden sind eine Farce, und jeder weiß das. In endlosen, langweiligen Meetings werden in Wahrheit nicht Entscheidungen abgesichert, sondern die eigene Verhandlungsposition. Auf diese Weise zementieren wir nicht nur unsere Entscheidungsunfähigkeit, sondern schaufeln uns selbst das Grab zunehmender Komplexität von internen Prozessen und Regularien, in das wir anschließend unter dem jammernden Abgesang über die Bewegungsunfähigkeit der Organisation versinken.

// PARALYSE DURCH ANALYSE

- Vermeiden Sie Paralyse durch Analyse. Auch nach noch so viel Evidenz werden Sie das Risiko, das hinter jeder Entscheidung liegt, nicht beseitigen. Hinter dem hartnäckigen Ruf nach tiefer gehender Analyse steht die nackte Angst davor, Verantwortung für eine Entscheidung zu übernehmen.
- Entscheiden Sie nicht unüberlegt, aber beherzt. Tasten Sie sich bei der Umsetzung der Entscheidung voran, überprüfen und korrigieren Sie gegebenenfalls.

__Wenn es um Entscheidungsfindung geht, dürfen sie nicht fehlen: Experten und Prognosen, die uns den sicheren Weg zur richtigen Entscheidung weisen sollen. Nun, ebenfalls ein zweifelhaftes Unterfangen: Berkeley-Professor Philip Tetlock hat über zehn Jahre insgesamt 82 000 Expertenvorhersagen untersucht. Das ernüchternde Resultat: Die Prognosen trafen kaum häufiger zu, als wenn ein Zufallsgenerator die Aufgabe erledigt hätte. Als besonders schlechte Prognostiker erwiesen sich übrigens die Experten mit der stärksten Medienaufmerksamkeit. Naturgemäß nehmen Expertenmeinungen eine verengte Perspektive ein und verstellen den Blick für die Vielgestaltigkeit von Rahmenbedingungen, in denen sich Entscheidungen oft bewegen. Deutlich wird dies am Beispiel der mit der digitalen Transformation einhergehenden Disruption bestehender Geschäftsmodelle. Der Frontalangriff kommt aus einer Ecke, die kein Experte zuvor für möglich gehalten hatte, wie es das Beispiel der Vermietungsplattform *Airbnb* gegenüber der klassischen Hotelindustrie zeigt. Auch haben Branchenkenner die schleichende Ablösung der CD-Produktion durch Musikstreamingdienste wie *Spotify* nicht vorhergesehen. Es gilt das alte Wort des Ökonomen John Kenneth Galbraith: »Es gibt zwei Arten von Leuten, die die Zukunft vorhersagen: jene, die nichts wissen, und jene, die nicht wissen, dass sie nichts wissen.« Letztere sind die Experten.

// EXPERTEN UND PROGNOSEN – DER SICHERE WEG INS NIRGENDWO

- **Misstrauen Sie Expertenmeinungen. Und in schnelllebigen Zeiten, in denen Algorithmen die Informationen steuern, sind Manipulationen von Prognosen deutlich einfacher geworden.**
- **Ziehen Sie Expertenwissen als einen unter vielen Bausteinen für Ihre Meinungsbildung heran. Haben Sie keine Scheu, sich über Expertenmeinungen hinwegzusetzen. Sie sind im Zweifel klüger, weil Sie den Kontext Ihrer spezifischen Entscheidung besser beurteilen können als jeder Experte.**

__Je unübersichtlicher die Lage ist, desto mehr huldigen wir Bauchentscheidungen und Erfahrungswerten. Da die Fakten ohnedies widersprüchlich sind, gehen wir ins andere Extrem über und stilisieren die Intuition als allein selig machenden Kompass für unser Handeln. Und wer hält nicht inne, wenn ein erfahrener Kollege erläutert, dass der Versuch, die Kundenberatung an ein Callcenter auszulagern, schon vor fünf Jahren gescheitert ist. Dass die Einführung des Callcenters damals miserabel angeleitet war, man die sprachlichen

Barrieren in Portugal maßlos unterschätzt hat und darin ein wesentlicher Grund für das Scheitern dieses Ansatzes lag, hat der Kollege nicht parat oder verdrängt.

__Es gibt kein Patentrezept für gute Entscheidungen. Zahlen lassen sich, wie jeder weiß, beliebig darstellen. Sie können pseudoobjektiv Positionen für oder gegen den gewünschten Ausgang einer Entscheidung beeinflussen. Der Psychologe und Wirtschaftsnobelpreisträger Daniel Kahnemann beschreibt Intuition als die Summe vergangener Erfahrungen. Diese verstellen jedoch den Blick für die spezifische Situation und sind mit Vorsicht zu genießen. Je größer die Unsicherheiten sind, unter denen Entscheidungen stehen: Es sind Intuition *und* Wissen, die im Zusammenspiel und in Reibung untereinander die besten Entscheidungen hervorbringen.

// ENTSCHEIDEN HEISST ABWÄGEN

- **In den seltensten Fällen sind Entscheidungen eindeutig. Wägen Sie auf Grundlage verschiedener Erkenntnisquellen ab. Beziehen Sie Wissen und Intuition ein. Trauen Sie vor allem Ihrem eigenen Urteilsvermögen.**
- **Nach Sichtung und Abwägung aller verfügbaren Informationen führen Sie eine letzte von Kahnemann empfohlene Übung durch: »Wenn wir hier in einem Jahr sitzen und der Kauf des Unternehmens nicht das gewünschte Ergebnis erzielt hat: Was ist schiefgelaufen?« Jeder der an der Entscheidung Beteiligten formuliert die Antwort für sich. Sie tragen die Antworten zusammen und wägen die Wahrscheinlichkeit der dargestellten Szenarien noch einmal ab, bevor Sie die Kaufentscheidung treffen.**

__Gerade in partnerschaftlich geführten Organisationen können Diskussionen um Entscheidungen quälend sein. Alle wollen bei allem mitreden. Dann zerreden wir die Vor- und Nachteile so lange, bis wir am Ende im besten Fall genauso klug sind wie zuvor. In unserer Hilflosigkeit erteilen wir nutzlose Prüfaufträge, delegieren die Entscheidung an einen Arbeitskreis, um uns das letzte Wort doch lieber selbst vorzubehalten. Oder wir verschieben sie in der irrigen Hoffnung, dass uns bis zum nächsten Treffen eine wundersame Eingebung kommt. Die Dynamik einer Debatte unter gleichberechtigten Bedenkenträgern und Wichtigtuern gleicht einer Abwärtsspirale. Agile Formen der Zusammenarbeit, die auf der Überzeugung beruhen, dass das Wissen gleichberechtigter Vieler beste Entscheidungen hervorbringt, halten ein probates Mittel zur Durchbrechung dieser Abwärtsspirale vor.

__Fundament agiler Entscheidungsfindung bildet die einfache Erkenntnis, dass es keine optimale Entscheidung gibt. Und: Je mehr Personen an einer Entscheidung beteiligt sind, desto mehr Perspektiven auf eine Entscheidung gibt es. Perspektivenvielfalt ist wünschenswert. Sie erleichtert die Entscheidungsfindung allerdings nicht gerade. Daher braucht es verbindliche Regeln.

// AGILE ENTSCHEIDUNGSFINDUNG

- Vereinbaren Sie mit den Beteiligten vorab, dass Richtschnur für die anstehende Entscheidung das gemeinsame Ziel ist und nicht die Optimierung von Eigeninteressen. Erinnern Sie im Laufe der Diskussion an diese Vereinbarung.
- Frau Mustermann bringt eine durchdachte Entscheidungsvorlage ein, die diskutiert wird. Am Ende der Diskussion bitten Sie um Abstimmung. Jeder der Beteiligten wägt für sich ab, ob ihn die Vorlage überzeugt oder ob er im Sinne des Grundsatzes, dass es keine optimalen Entscheidungen gibt, damit leben kann.
- Ein schwerwiegender Einwand muss vor allen begründet werden. Sie fragen den »Einwändler«, was die Gruppe an Mustermanns Vorschlag ändern muss, damit aus dem »k.o.« ein »Go« wird. Diese Änderung muss der Prüfung am gemeinsamen Ziel standhalten.
- Wenn der »Einwändler« an seinem »k.o.« festhält, ist er aufgefordert, für das nächste Treffen seinerseits einen alle Aspekte berücksichtigenden Lösungsvorschlag einzubringen. Das Prozedere beginnt von vorne, bis die Entscheidung getroffen ist.
- Sollte der »Einwändler« dreimal auffällig werden, fragen Sie ihn unter vier Augen, ob das Team noch zu ihm passt. Trennen Sie ihn vom Team, wenn er die Frage verneint. Hier stimmen Werte und Zielsetzungen unter den Beteiligten nicht mehr zusammen.

__In der alltäglichen Beschäftigung unserer Organisationen mit sich selbst haben wir eine wahre Meisterschaft errungen. Der wichtigste Orientierungspunkt für Entscheidungen gerät dabei völlig aus dem Blick: der Kunde. Unternehmen sind nicht um ihrer selbst willen da, sondern um Kundenbedürfnisse zu bedienen. Daraus, und nicht aus überlangen Entscheidungsprozessen, schöpfen wir den Mehrwert, der die Existenz des Unternehmens sichert. Aber Kundenbedürfnisse allein reichen nicht mehr aus. Wie wir seit Henry Ford wissen: »Hätte ich meine Kunden gefragt, hätten sie gesagt: Schnellere Pferde, bitte«, kennen die Kunden ihre Bedürfnisse nicht immer. Diese Unbekannten herauszufinden ist die Königsdisziplin. Steve Jobs hat es uns mit der intuitiven Bedienung des Smartphones und dem Gedanken, es zum Marktplatz umzugestalten, vorgemacht. Um Zukunftsentscheidungen treffen zu können, müssen unsere Organisationen den Kunden und dessen Herausforderungen nicht nur in der Tiefe verstehen, sondern ihn in ihre Entscheidungsfindung einbeziehen. Es geht um die gemeinsame Suche nach der besten Lösung. Mit unsicherem Ausgang.

// DER KUNDE, DAS VERNACHLÄSSIGTE WESEN

Die besten Garanten für gute Entscheidungen: Unsicherheit als Normalität akzeptieren, sich seines eigenen Verstandes mutig bedienen und enge Partnerschaften mit Kunden aufbauen.

»KRUSE HAT POTENZIAL. DEN STELLEN WIR EIN«

Bullshit 4

__Nahezu jeder Entscheidungsträger würde zustimmen, dass die Auswahl von Menschen für das eigene Unternehmen eine Kernaufgabe mit höchster strategischer Bedeutung ist. So gehört es zu den größten Sehnsüchten vieler Manager, im Ringen um die besten Talente eine Scheibe abzubekommen. Vermutlich ist es die wichtigste Führungsaufgabe überhaupt. Also können wir davon ausgehen, dass diese wichtigste Führungsaufgabe an vielen Stellen mit Bravour gemeistert wird, oder?

__Mitnichten. Die Personalauswahl befindet sich in den meisten Unternehmen in einem erbärmlichen Zustand.

__So sieht der Recruiting-Alltag aus: In Assessment-Centern (AC) werden Bewerber in künstlichen Laborsituationen zwei Tage »gegrillt«, um ihre Belastbarkeit einzuschätzen. Die Verteilung von Fragemöglichkeiten zwischen Unternehmen und Bewerber liegt bei 90 zu 10; dabei geht es fast ausschließlich um kognitive und fachliche Fertigkeiten. So sollen die Kandidaten in künstlichen Postkorb-Übungen zahlreiche Aufgaben unter Zeitdruck ordnen. Angeblich kann deren Stressresistenz dadurch bewertet werden. Jeder Praktiker mit gesundem Menschenverstand bewertet so etwas als das, was es ist: Schwachsinn. Aufgaben unter Zeitdruck zu ordnen braucht Erfahrung. Und die kommt im Laufe der Jahre, nicht im Laufe von zwei Tagen Assessment-Center. Andere typische AC-Aufgaben: Rollenspiele und Gruppendiskussionen. Angebliche Erkenntnisse: Stringenz in der Argumentation, Durchsetzungsstärke, Kompromissfähigkeit und vieles andere mehr. Wenn diese Kausalitäten tatsächlich bestehen, hängt die Geburtenrate in Schleswig-Holstein vom Storchenaufkommen ab.

__Nicht nur die Aufgabentypen sind Bullshit, auch das darin ausgedrückte Anspruchsniveau mutet lächerlich an. Würden wir die proklamierte Immer-höher-weiter-Spirale ernst nehmen, müssten wir angesichts der langen Liste von geforderten Eigenschaften glauben, wir alle seien eine Mischung aus Oberstleutnant, Showmaster und Nobelpreisträger für Physik. Das sind wir natürlich nicht; unter anderem, weil wir nur über eine sehr begrenzte Anzahl individueller Stärken verfügen. Hinzu kommt leider auch eine gehörige Portion Dummheit in Bezug auf die Ansprüche, die Bewerber erfüllen sollen. Ein Beispiel: Von Universitätsabsolventen wird – neben dem üblichen Kanon wunderbarer Adjektive – selbstverständlich »verhandlungssicheres Englisch« verlangt. Alle nicken brav. Nun ist es leider so, dass in unseren Breitengraden 99 Prozent aller Absolventen noch nie in ihrem Leben eine Verhandlung auf Englisch haben führen können. Machen Sie diesen Blödsinn nicht mit, nur weil es jeder macht. Manchmal ist es ganz leicht, sich positiv zu differenzieren.

// SCHLUSS MIT ASSESSMENT-CENTERN!

- Beenden Sie den Bullshit der Assessment-Center. Führen Sie stattdessen Kennenlerntage durch.
- Ein Baustein solcher Tage besteht darin, dass die Teilnehmer für zwei bis drei Stunden die Möglichkeit bekommen, sich frei im Unternehmen zu bewegen und Fragen zu stellen. Ohne Tabus. An jeden, der da ist. Sie geben lediglich Kategorien vor, die Ihnen wichtig erscheinen. Eine dieser Kategorien sollte »Zusammenarbeit« sein. Die Teilnehmer berichten für jede Kategorie von ihren Eindrücken anhand dreier einfacher Fragen:

  Was habe ich wahrgenommen?

  Was finde ich gut?

  Was finde ich nicht gut?

__Auf diesem Wege gewinnen wir einen belastbaren Eindruck, ob der Teilnehmer des Kennenlerntages nur über die Bedeutung von »Zusammenarbeit« redet, weil er in einem mittelmäßigen Management-Ratgeber gelesen hat, dass das angesagt sei, oder ob er eine von innen kommende, natürliche, nicht aufgesetzte Einstellung mit sich bringt, die Zusammenarbeit über Organisationsmauern hinweg nicht nur als etwas Notwendiges ansieht, sondern als etwas Bereicherndes, Spannendes, an dem alle Beteiligten wachsen können.

__Überhaupt Einstellungen. Hierauf kommt es primär an, insbesondere bei Führungsaufgaben. Suchen Sie beispielsweise Menschen mit starkem Veränderungswillen, weil Ihre Organisation wie in Stein gemeißelt scheint und nicht vor Veränderungsbereitschaft strotzt? Menschen mit starkem Veränderungswillen zeichnen sich oftmals durch eine von innen kommende, geradezu notorische Neugier aus. Finden Sie heraus, inwieweit Ihr Gegenüber in seinem Werdegang aus eigenem Antrieb Neues angegangen ist und welche Ergebnisse er dabei erzielt hat. Entwickeln Sie ein Gefühl dafür, ob es sich hierbei um ein einmaliges Ereignis handelt oder ob Ihr Gesprächspartner grundsätzlich mit wachem Blick Entwicklungen rechts und links des Tagesgeschäftes wahrnimmt. Wie wissbegierig ist er? Wie weit ist der Wunsch noch ausgeprägt, auszuprobieren und zu testen, trotz aller Alltagsroutinen? Wie stark ist das Verlangen, Erkenntnisse zu gewinnen, die stärker im Verborgenen liegen und nicht per Knopfdruck gegoogelt werden können?

__Hinweise auf innere Einstellungen liefern zentrale, prägende Erfahrungen, die jeder in seiner beruflichen Laufbahn gemacht hat. Diese Ereignisse (»critical incidents«), ob positiver oder negativer Art, bleiben dem menschlichen Gehirn nicht nur überdurchschnittlich stark in Erinnerung, sie sind auch besonders aussagekräftig im Hinblick auf effektive und ineffektive Verhaltens- beziehungsweise Arbeitsweisen der jeweiligen Person.

// EINSTELLUNGEN EINSTELLEN

Sammeln Sie Hinweise auf die inneren Einstellungen des Kandidaten.

__Nun offenbart die gängige Praxis allerdings ziemlich genau das Gegenteil einer Umgebung, in der wir zumindest Hinweise auf die inneren Einstellungen des Gegenübers bekommen würden. Vielleicht kennen Sie diese Situation: Sie hetzen, leicht verspätet, über den Firmenflur und steuern den Besprechungsraum an, in dem der Kandidat auf Sie wartet. In den letzten fünf Minuten überfliegen Sie hastig den Lebenslauf. Begrüßung. »Es tut mir leid, heute ist so viel los hier. Ich habe Ihren Lebenslauf ja gelesen.« Eine glatte Lüge. Schöner Auftakt einer möglichen Arbeitsbeziehung. Also: »Aber wiederholen Sie doch noch einmal die wichtigsten Stationen.« Wer Lebensläufe chronologisch durchspricht und stumpfe Eintragungen in vorgefertigte Excel-Tabellen macht, wird über die Einstellungen seines Gegenübers nichts erfahren. Während Ihr Gesprächspartner anfängt zu reden, sind Sie in Gedanken noch bei dem gerade – verspätet – beendeten Meeting und ärgern sich immer noch über die dreisten Ausführungen des Kollegen Huber, der mal wieder seinen eigenen Bereich zulasten anderer optimieren will.

__Der Bewerber – ein leistungsbereiter, neugieriger junger Mann mit glänzender Ausbildung – nimmt das natürlich wahr und hat Ihr Unternehmen als möglichen Ort, an dem er sich zukünftig engagiert, schon abgeschrieben.

// NEHMEN SIE SICH ZEIT

- **Führen Sie Auswahlgespräche mit Ruhe, Zeit, Geduld, Aufmerksamkeit, genauer Beobachtung und wirklichem Interesse am Gegenüber.**
- **Pressen Sie sie nicht zwischen Ihre Termine des sogenannten Tagesgeschäftes.**
- **Ein wirksames Auswahlgespräch braucht mindestens zwei Stunden. Mit einer Stunde Vorbereitung und professioneller Nachbereitung macht das in Summe einen halben Tag. Ach, die Zeit haben Sie nicht? Gut, dann brauchen Sie also keine leistungsfähigen und -bereiten Menschen für Ihr Unternehmen.**

__Zurück zum Format der Kennenlerntage. Das Feedback der Teilnehmer im Anschluss ist in der Regel: »So etwas Gutes habe ich noch nicht erlebt!« Transparenz, ernst gemeinte Offenheit, stellt jede Imagebroschüre in den Schatten. Und die typische Rückmeldung der Vertreter des Unternehmens: »Was haben wir heute wieder alles über unser Unternehmen gelernt!«

__Diese Form von Begegnung trägt im Übrigen der Tatsache Rechnung, dass die wahren »Bewerber« nicht die Menschen sind, die an unsere Firmentore klopfen, sondern es sind die Unternehmen, die händeringend Talente suchen. Beenden wir also die herabschauende Einbahnstraße und machen daraus eine Bewerbung in *beide* Richtungen.

// IHR UNTERNEHMEN BEWIRBT SICH

- **Stellen Sie Ihr Unternehmen so dar, wie es ist: mit seinen Stärken, aber auch seinen Herausforderungen. Gerade besonders leistungsbereite Menschen lechzen nach dieser Form von Glaubwürdigkeit.**
- **Lassen Sie die Hochglanzbroschüren in der Marketingabteilung. Jeder wache Kopf weiß, dass sie nicht die betriebliche Realität widerspiegeln.**

__In neun von zehn Fällen werden Bewerbungsgespräche von den falschen Leuten geführt. Auch wenn es nicht an Interviews mangelt, fehlen diejenigen aus dem zukünftigen direkten Arbeitsumfeld als Gesprächspartner. Niemand ist hier jedoch wichtiger und relevanter als die zukünftigen Kollegen. Immer wieder können wir beobachten, dass dieselbe Person stark unterschiedliche Leistungen erbringt, je nachdem, in welchem auch personellen Umfeld sie agiert; das direkte persönliche Umfeld des Kandidaten bestimmt diese sogenannte Passung in wesentlichen Teilen.

// DIE ZUKÜNFTIGEN KOLLEGEN ENTSCHEIDEN

- Beziehen Sie die zukünftigen Kollegen aus dem unmittelbaren Arbeitsumfeld in die Auswahl ein.
- Konsequent zu Ende gedacht: Lassen Sie sie die Entscheidung treffen.
- Fragen Sie sich nun, wie Sie sicherstellen können, dass die Kollegen keine zweitklassige Wahl treffen? Nun, in diesem Fall hätten Sie selbst nicht die richtigen Personalentscheidungen getroffen.
- So werden Auswahlentscheidungen nicht mehr getroffen nach formaler beziehungsweise funktionaler Zuständigkeit (HR-Direktor, Personalleiter) oder Hierarchie (Vorstand, Geschäftsführer), sondern nach Relevanz für die künftige Zusammenarbeit.

__Schließlich der wichtigste Punkt professioneller Personalauswahl: Gehen Sie keine faulen Kompromisse ein! Pointiert gesagt: Wer bis hierhin alles richtig gemacht hat, aber gegen diesen Punkt verstößt, wird keine wirkungsvolle, gute Auswahlpraxis etablieren. Wer kennt nicht diese Situation: Der Kandidat hat den gesamten Auswahlprozess durchlaufen, und die Auswertung ergibt ein gemischtes Bild: Einige der Beteiligten sind überzeugt und möchten ihn an Bord holen, ein Teil schwankt, und ein Teil spricht sich dagegen aus. Nach einer quälenden Diskussion (die in neun von zehn Fällen offenbart, wie limitiert genaue Beobachtung, scharfe Analyse und konsequente Schlussfolgerungen sind) kommt das Kollektiv schließlich zum Ergebnis, den Mann oder die Frau einzustellen. Schließlich müsse man zweistellig wachsen (warum, weiß keiner so genau) und könne außerdem nicht mehr länger warten. Es habe sowieso schon alles länger gedauert als erwartet. »Es wird schon gut gehen.« Natürlich geht es nicht gut. Nach aufwendigen Trainings- und Fortbildungsmaßnahmen, umfangreichen Personalentwicklungsprogrammen und verschiedenen Veränderungen des Aufgabenbereiches kommt es nach mehreren Jahren doch zur kostspieligen Trennung. Die Wurzel des Fehlers liegt genau hier: in mangelnder Klarheit und Konsequenz bei der Auswahlentscheidung. Daher:

// IM ZWEIFEL GEGEN DEN KANDIDATEN

Gehen Sie keine Kompromisse in der Personalauswahl ein.

»MÜLLER WIRD BEFÖRDERT.
ER HAT DIE BESTEN
ZAHLEN.

Bullshit 5

__Die Leistungsfähigkeit und Vitalität unserer Unternehmen speisen sich aus zahlreichen Zutaten. Eine der wichtigsten und oftmals vernachlässigten ist die Frage, wer im Unternehmen aufsteigt und warum. Hierzu ein Zitat aus berufenem Munde: »Die größte Verschwendung menschlicher Arbeitskraft, die ich erlebt habe, sind die fehlgeschlagenen Beförderungen. Nicht viele der durchaus fähigen Leute, die in eine andere Position versetzt werden, sind dort erfolgreich.« Kein Geringerer als Peter F. Drucker hat herausgestellt, dass die gängige Beförderungspraxis sanierungsbedürftig ist.

__Was läuft schief? Der in neun von zehn Unternehmen zu beobachtende Beförderungs-Bullshit hat verschiedene Facetten. Hier die wichtigsten:

- *Potenzialgeschwafel* – Wer hat das nicht schon gehört (oder selbst gesagt): »Kollege Krause hat zwar aktuell ein paar Probleme in den Projekten, für die er verantwortlich ist. Aber er besitzt das größte Potenzial!« Dieser durch Angst vor konsequentem Handeln getrübte Blick vernebelt die Erkenntnis, dass der sicherste Prädiktor für zukünftige Leistungen die bisher tatsächlich erbrachten Leistungen sind – und nicht das zu häufige »hätte, würde, könnte«. Potenziale sind Hoffnungen. Nicht mehr und nicht weniger.

- *Falsch verstandene Rücksichtnahmen* – Ein weiterer Giftpilz mit hohem Verbreitungsgrad: Beförderungen nach Proporz, firmenpolitischen Erwägungen, Dauer der Betriebszugehörigkeit, um nur einige Spielarten zu nennen.

• *Gleich und Gleich gesellt sich gern* – Befördert werden diejenigen, die die gleichen, vertrauten und damit angenehm erscheinenden Persönlichkeitsmerkmale aufweisen. Im Ergebnis entsteht die »Fortpflanzung« der homogenen Gruppe. Wesentliche Triebfeder hierfür ist der Machterhalt der im Moment Führenden. Denn wer ähnlich ist, wird sich schnell in das »System« einfügen, nichts durcheinanderwirbeln und keine Probleme bereiten. So wird von innen kommende Konkurrenz im Keim erstickt und das eigene Machtgefüge weiter zementiert. Die dahinterliegende Haltung: Bitte nicht stören! In der Folge wird zunehmend nur noch gesagt, *was* ankommt, und nicht, *worauf* es ankommt. Irgendwann verschwinden diese Unternehmen vom Markt.

• *Politisch korrekte Diversität* – Die besonders »fortschrittlichen« Unternehmen haben das Dilemma der homogenen Fortpflanzung inzwischen erkannt: »Unsere Geschäftsleitung ist durchgängig weiß, männlich und etwas über 50 Jahre alt!« Die gängigen Schlussfolgerungen könnten allerdings oberflächlicher kaum sein: Ein farbiger Geschäftsführer hier, eine Frau dort – man will ja schließlich die »Organisation nicht überfordern«. Das ist Bullshit. Worauf es dagegen ankommt, ist die Vielfalt von Meinungen, Erfahrungshintergründen und Einstellungen.

• *Fach- statt Führungskraft* – Ein besonders gravierender Fehler bei der Beförderung für Führungsaufgaben ist, dass immer wieder die besten Fachkräfte ausgewählt werden. Nun gibt es allerdings keinen wissenschaftlich erwiesenen oder praktisch bestätigten Zusammenhang zwischen der Eignung als Fachkraft und der Eignung als Führungskraft.

// DIE GÄNGIGE BEFÖRDERUNGSPRAXIS KERNSANIEREN

- Verbannen Sie das Gerede über Leistungspotenziale aus Ihrem Unternehmen. Machen Sie die Verwendung des Wortes abmahnungsfähig.
- Verzichten Sie auf jede Form persönlicher Rücksichtnahmen. Über jedem Einzelinteresse steht das Gesamtinteresse des Unternehmens.
- Fördern und befördern Sie Menschen, die sich von anderen unterscheiden – durch ihren Werdegang, bisherige Aufgaben und Leistungen oder dadurch, dass sie neue Perspektiven und Ansichten einbringen. Gute Ideen, positive Überraschungen, das Besondere, das Unerwartete, das sich vom grauen Durchschnitt Abhebende – all das entsteht durch die Reibung um der besten Sache willen, und zwar aus ganz unterschiedlichen Perspektiven.
- Wählen Sie Menschen für Führungsaufgaben aus, denen andere ohne die formale Macht der Hierarchie freiwillig folgen. Es sind diejenigen, die andere mit gelassener Leichtigkeit hinter sich zu scharen vermögen. Die Chance ist groß, dass sich dieser Effekt verstärkt, wenn sie für Führungsaufgaben ausgewählt werden. Es sind diejenigen Führungskräfte, die ganz präsent sind. Die zuhören können. Die Brücken schlagen zwischen den Stärken eines Mitarbeiters und der anstehenden Aufgabe.

Verhaftet in der Vergangenheit

__Wie sehr uns bei Beförderungsentscheidungen das Verharren in der Vergangenheit den Blick für die Zukunft verstellt, zeigt das folgende typische Beispiel. Diejenigen mit den besten Verkaufszahlen werden irgendwann zum Leiter einer bestimmten Vertriebsregion befördert. Was viele verkennen: Die neue Aufgabe hat mit der vorherigen herzlich wenig zu tun. Während es früher darum ging, Unterschriften unter Verträge zu bekommen, führt der neue Regionalleiter nun eine Vertriebsmannschaft, arbeitet an der Umsetzung der Unternehmensstrategie mit und schlägt sich mit dem Berichtswesen seiner Region herum. In Sehnsucht nach den guten alten Zeiten setzt er sich immer häufiger auf den Beifahrersitz seiner Vertriebsmitarbeiter und erklärt ihnen, wie sie ihren Job zu erledigen haben. Der Effekt ist doppelt negativ: Der Regionalleiter kommt seinen eigentlichen Aufgaben nicht nach, und seine Vertriebler – vor allem die besonders leistungsbereiten – sind immer genervter vom Gefühl, bevormundet und kleingehalten zu werden. Dass sie bald zum Wettbewerber gehen, versteht der Regionalleiter nicht. Die schleichende Abwärtsspirale der gesamten Region hat begonnen. Falsche Beförderungsentscheidungen können das beste Geschäftsmodell zerstören.

// SICH VON DEN ALTEN ERFOLGSPARAMETERN VERABSCHIEDEN

- Wann immer Sie eine neue Aufgabe antreten, mit der neue Anforderungen einhergehen: Verabschieden Sie sich von den Parametern Ihres bisherigen Erfolges. Verneigen Sie sich vor ihnen – und dann werfen Sie diese in den Papierkorb.
- Das wird allerdings nicht nebenbei, zwischen zwei Terminen, gehen. Es erfordert Ruhe, Zeit und die innere Bereitschaft zur Selbstreflektion.
- Nutzen Sie hierfür folgende Fragestellungen:

  Warum habe ich in meiner alten Aufgabe Erfolg gehabt?

  Welche individuellen Stärken konnte ich in meiner alten Aufgabe einsetzen?

  Hätte ich noch erfolgreicher sein können? Was hätte hierfür passieren müssen?

  Was passiert, wenn ich genauso weiterarbeite wie bisher?

  Welche Erwartungen werden zukünftig von wem an mich gestellt?

  Welche Hilfe benötige ich von wem, um auch in der neuen Aufgabe erfolgreich sein zu können?

  Woran wird zukünftig mein Erfolg festgemacht werden?

__Ein aufschlussreiches, aber weitgehend unbekanntes Kriterium für gute Beförderungsentscheidungen ist der individuelle Zeithorizont. Gerade Führungsaufgaben erfordern einen längerfristigen zeitlichen Horizont. Wirksame Führungskräfte behalten auch und gerade in schwierigen Situationen ihre ordnende Intelligenz und blicken über die aktuelle Stresssituation hinaus; sie stellen Probleme in den Kontext eines längeren Zeitraumes.

__Konkreter: Ein ungelernter Möbelpacker wird sich in aller Regel in einem Zeithorizont bewegen, der nur einen einzigen Tag umfasst. Die Fachverkäuferin denkt, arbeitet und entscheidet vielleicht schon in einem Zeithorizont von einer Woche. Auf den unteren Managementebenen können wir dagegen einen Zeithorizont von mindestens drei Monaten erwarten. Nur eine Minderheit dehnt diesen auf ein ganzes Jahr aus. Für herausgehobene Führungsaufgaben kommen dagegen insbesondere Menschen in Frage, deren Zeithorizont sich auf mehrere Jahre erstreckt. Es ist möglich, dass sich der individuelle Zeithorizont im Laufe des Berufslebens, also mit wachsender Erfahrung, ausdehnt.

// INDIVIDUELLER ZEITHORIZONT ALS AUSWAHLKRITERIUM

• Berücksichtigen Sie, wann immer es um Führungsaufgaben geht, den individuellen Zeithorizont als Kriterium für Ihre Beförderungsentscheidungen.

• Finden Sie also heraus, wie Ihr Gesprächspartner den eigenen Zeithorizont absteckt; in welchem zeitlichen Rahmen er sich am besten zurechtfindet und ab welchem Zeithorizont der psychologische Komfort abnimmt. Hilfreich sind hierfür Leitfragen dieser Art:

Wohin entwickelt sich unsere Organisation?

Wie verändert sich mein Verantwortungsbereich?

Welche Einflussfaktoren müssen wir für die Weiterentwicklung unserer Produkte beziehungsweise Dienstleistungen berücksichtigen?

Wie verändert sich unsere Führungsmannschaft?

• Falls Sie in einem börsennotierten Unternehmen arbeiten, das von Quartal zu Quartal hetzt und berichtet, entscheiden Sie sich für eine dieser drei Optionen:

1 / Sie vergessen den Zeithorizont als Beförderungskriterium.

2 / Sie spüren dennoch diejenigen Talente auf, die sich trotz des Quartalswahnsinns einen Restblick für längere Zeithorizonte bewahrt haben. Es gibt sie. Vereinzelt.

3 / Sie gehen und machen etwas anderes. Zum Beispiel in einem Unternehmen, das in Generationen denkt und nicht in Quartalen.

// LEISTUNG IST NICHT EINDEUTIG. NIEMALS

Schließlich sollten wir bei den Leistungseinschätzungen, die unseren Beförderungsentscheidungen zugrunde liegen, eine fundamentale Erkenntnis niemals aus den Augen verlieren: Wer Leistung einschätzen möchte, ist stets auf Deutungen und Abwägungen angewiesen. Diese sind notwendigerweise unscharf, nicht eindeutig und diskutabel.

__Sehen wir uns hierzu ein Beispiel an. Nehmen wir an, Sie sind Vertriebsleiter in einem Unternehmen jeder beliebigen Branche. Ihre vier Regionalleiter haben am Ende des Geschäftsjahres jeweils einen Umsatz von 100 mit einer Marge von 20 aufzuweisen. Zahlen gleich, also Leistung gleich? Mitnichten. Regionalleiter A führt eine eingespielte Vertriebsmannschaft, die er von seinem Vorgänger übernommen hat. In seiner Region siedeln sich zahlreiche potenzielle Kunden neu an; er kann allerdings mit seinem Ansatz des »Business as usual« keines dieser Unternehmen als Kunden gewinnen und kommt dennoch für seine Region, aufgrund des stabilen Fundamentes, das vor seiner Zeit aufgebaut wurde, auf den Umsatz von 100. Sein Kollege B dagegen sieht sich mit einer völlig anderen Situation konfrontiert: Einer der schärfsten lokalen Wettbewerber will ein neues Konkurrenzprodukt mit Dumpingpreisen in den Markt drücken, und zusätzlich kommt ein ausländisches Unternehmen neu in den Markt. Beide Wettbewerber haben die Region von Regionalleiter B als Testmarkt gewählt. Dennoch gelingt es ihm, aufgrund stabiler Kundenbeziehungen, die er über Jahre systematisch aufgebaut und gepflegt hat, einen Umsatz von 100 zu erzielen. Bei C liegen die Dinge wiederum anders. Regionalleiter D schließlich hat sich neben seinen originären Aufgaben der Regionalleitung aktiv und konstruktiv in ein Strategieprojekt des Gesamtunternehmens eingebracht. Des Weiteren hat er seine Vertriebler systematisch gefördert, so dass zwei von ihnen Karriere machen und zukünftig Führungsaufgaben in der Zentrale wahrnehmen. Da deren Ersatz auf sich warten ließ (unter anderem, weil auch dieses Unternehmen zu den etwa 90 Prozent gehört, die keine vernünftige übergreifende Nachfolgeplanung haben), gingen die Zahlen in den letzten vier Monaten nach unten, und er landete mit seiner Region dennoch beim Umsatz von 100.

__Doch alle vier erhalten den gleichen Bonus. Sie erkennen das wieder? Klar. Dieser Unfug hat ja auch einen Verbreitungsgrad von über 90 Prozent.

// LEISTUNGEN IN IHREN KONTEXT STELLEN

- **Geben Sie sich bei Leistungseinschätzungen nicht mit nackten Zahlen zufrieden. Das Zahlenwerk allein führt uns in die Irre. Ihre Mitarbeiter haben es verdient, dass Sie es sich nicht so einfach machen.**
- **Beleuchten Sie stattdessen sorgfältig den jeweiligen Kontext einer Leistung. Immer. Legen Sie hierauf den Schwerpunkt, nicht auf das Ziffernblatt der Messbarkeitsfanatiker.**
- **Unterfüttern Sie Ihre Leistungseinschätzung mit gut durchdachten Argumenten.**

»DIE BONI HABEN WIR ERHÖHT. SCHLIESSLICH WOLLEN WIR MOTIVIERTE MITARBEITER«

Bullshit 6

__Wir alle wollen Mitarbeiter haben, die vor allem eines sind: motiviert. Nun gibt es allerdings kaum ein betriebliches Phänomen, über das so viel dummes Zeug abgesondert wird wie über Mitarbeitermotivation. Schauen wir uns die gängigen Motivationsanstrengungen mit besonders hohem Verbreitungsgrad an. Diese konzentrieren sich im Wesentlichen auf drei unterschiedliche Darreichungsformen.

__*Erstens:* Motivation über schöne Worte. Wie viele überflüssige Sonntagsreden haben Sie schon über sich ergehen lassen? Oder sogar selbst gehalten? Da heißt es dann: »Unsere Mitarbeiter sind die wichtigste Ressource.« Oder: »Die Menschen bei uns sind unser wichtigstes Asset.« Natürlich erzeugen solche Verlautbarungen nicht ein Jota Motivation. Vielmehr fällt den besonders wachen Menschen im Unternehmen der interessante Sprachgebrauch auf: Assets werden in der Bilanz aktiviert und über die Jahre *abgeschrieben*. Und Ressourcen werden *verbraucht*. Und so sieht das tatsächliche Handeln auch aus: Schlechte Führungskräfte lassen mächtig Dampf ab, und jede Hierarchiestufe fungiert als Druckventil. Die Menschen im Unternehmen werden als gesichtslose, graue Masse »Personal« behandelt. Ein wirklicher Kontakt mit echtem Interesse am anderen findet kaum statt; Gespräche werden flüchtig zwischen Tür und Angel geführt. Die Folge: Je mehr Sonntagsreden, desto schlechter das tatsächliche Führungshandeln.

__Die Konsequenzen von wortgewaltigen Versprechungen, die im faktischen Handeln keinerlei Wiedererkennungswert zeigen, sind offensichtlich: Wenn Worte und Taten auseinanderfallen, kann es um die Glaubwürdigkeit nicht gut bestellt sein. Niemals. Es stellt sich eine Haltung ein, die Ihnen schon begegnet sein mag: »Lass die doch erzählen. Am Ende wird es anders kommen. Auch dieses Thema wird an uns vorbeiziehen.« Es entsteht, Schritt für Schritt und in einem schleichenden Prozess, eine todsichere Mischung aus Gleichgültigkeit, Sich-ducken-und-den-Kopf-Einziehen, Frustration und irgendwann innerer Kündigung. Bei manchen gesellt sich noch Zynismus dazu, der sicherste Totengräber jeder organisatorischen Entwicklung. Das Gefährliche ist der schleichende Charakter: Eine inhaltslose Worthülse hier, ein nicht eingehaltenes Versprechen dort – es ist wie mit dem Bild des Frosches, das Sie vermutlich kennen: Werfen Sie einen Frosch in kochendes Wasser – die scheinbar brutale Variante –, springt er erschrocken heraus und überlebt. Legen sie ihn jedoch in angenehm lauwarmes Wasser – die scheinbar harmlose Variante – und drehen die Temperatur schrittweise immer höher, dann verreckt er elendig in dem Wasser, das irgendwann zu heiß geworden ist. Analog: Irgendwann sind die Sonntagsreden-Unternehmen kulturell derart kontaminiert, dass sie vom Markt verschwinden.

// HANDELN STATT WORTE

Sparen Sie sich Sonntagsreden und Worthülsen zum Thema Motivation.

__*Zweitens:* Motivation über Sicherheit. »Bei uns haben Sie einen sicheren Arbeitsplatz.« Nur Hornochsen glauben an solche Versprechungen. Was schon zu Zeiten stabiler Märkte schwierig war, mutet heute und zukünftig absurd an. Die Digitalisierung stellt ganze Branchen auf den Kopf, die globalisierte Wirtschaftswelt zeigt tektonische Verschiebungen in der internationalen Arbeitsteilung, ein Geschäftsmodell nach dem anderen implodiert – aber bei uns sind die Arbeitsplätze sicher? Das ist lächerlich.

__Im Übrigen geht die Faselei über scheinbare Sicherheit an den besten Nachwuchskräften vorbei. Was sie suchen, sind spannende, herausfordernde Aufgaben und Projekte. Eine unternehmenskulturelle Umgebung, in der notorisch neugierige Menschen mit unterschiedlichen Erfahrungshintergründen sich um der besten Sache willen mit Leidenschaft reiben, das Teilen von Wissen und Daten als Selbstverständlichkeit betrachten und so unendlich viel voneinander lernen. Hierarchiedenken mit seinen Statussymbolen haben sie lange abgewählt.

// VERZICHTEN SIE AUF (SCHEIN-)SICHERHEITEN

- **Schwadronieren Sie nicht über Sicherheiten. Machen Sie ganz im Gegenteil deutlich, was heute und zukünftig die wichtigste Anforderung überhaupt sein wird: mit *Un*sicherheit umzugehen.**
- **Wer mit Sicherheit wirbt, bekommt auch den sicherheitsorientierten Durchschnitt, der nicht weiter auffällt. Das dann aber auch mit Sicherheit.**

__Damit sind wir beim *dritten* Missverständnis: Motivation über Materielles. Dessen Verbreitung ist besonders groß. Und seine Folgewirkungen besonders gravierend. Deswegen gönnen wir uns hier einen vertiefenden Blick.

__Immer noch glauben zahlreiche Unternehmenslenker, durch fette Gehälter und Boni oder dicke Firmenwagen Motivation erzeugen zu können. Was sie zunächst verkennen: Geld ist ein sogenannter Demotivator. Will heißen: Wenn es augenscheinlich nicht stimmt mit der Bezahlung, kann und wird das negative Reaktionen hervorrufen. Aber der Umkehrschluss gilt eben nicht.

// GELD ERZEUGT KEINE DAUERHAFTE MOTIVATION. NIEMALS

- **Sie können Ihre Leute noch so sehr mit Materiellem in den tollsten Darbietungen überschütten – dauerhafte, belastbare Motivation, die auch und gerade in schwierigen Zeiten bei Gegenwind stabil bleibt, werden Sie dadurch nicht erzeugen.**
- **Und bedenken Sie: Wer für Geld kommt, geht auch wieder für Geld.**

__Eine besondere Spezies des Materiellen sind Belohnungen oder Anreize, neudeutsch »Incentives«. Vielleicht ist Ihnen eines der folgenden Anwendungsbeispiele schon einmal begegnet:

- »Treibe die Verkaufszahlen bis zum Jahresende nach oben, dann wirst du einen fetten Bonus erhalten!« Was die Kunden brauchen, ist völlig nebensächlich.

- »Strenge dich zwölf Monate schön an, dann bekommst du ein 13. Monatsgehalt!« Schon der Begriff zeigt, wie verquast viele im Kopf sind. Das Kalenderjahr hat immer noch zwölf Monate. Punkt. Es kann kein Gehalt für einen 13. Monat geben.

- »Bewähre dich auf dieser Position noch fünf Jahre, dann wirst Du Abteilungsleiter mit höherem Gehalt werden!« Niemand bleibt auf Bewährung. Auf Bewährung wird man nur entlassen.

- »Schließe noch in diesem Monat 20 Neuverträge ab, dann erhältst du eine schöne Sonderzahlung!« *Warum* dieser Vertriebler die Neuverträge bisher noch nicht abgeschlossen hat, bleibt unreflektiert.

__Und so weiter und so weiter. Es ist ein Leichtes, das hinter den Motivationsritualen liegende Denkmuster zu erkennen: *Wenn* du etwas nach meinem Gusto getan hast, *dann* – aber auch erst dann – bekommst du etwas dafür. Wir glauben folglich nicht, dass unsere Mitarbeiter von sich aus, aus innerem Antrieb, aus einer inneren Haltung der Leistungsbereitschaft, ihr Bestmöglichstes beitragen? Misstrauen kann deutlicher kaum zum Ausdruck gebracht werden. Und Misstrauen erzeugt weiteres Misstrauen. Die Abwärtsspirale läuft.

__Die Anreizkarotten funktionieren schon bei echten Eseln nicht. Trotzdem fallen Tausende erwachsene Menschen immer wieder darauf herein, jeden Tag. Und verkennen dabei die folgenschweren Konsequenzen.

Konsequenzen der Belohnungsmaschinerie

__Zunächst: Anreize und Belohnungen führen zu Selbstoptimierungen. Sie lenken den Blick weg von der Sache und hin zum eigenen Vorteil. Wenn Sie beispielsweise im Vertrieb Sonderzahlungen in Abhängigkeit von Quartalszahlen ausschütten, werden die Vertriebler genau danach ihr Handeln ausrichten und die Zahlen für das laufende Quartal optimieren. Worauf es aber ankommt, sind langfristige, auf Vertrauen basierende Kundenbeziehungen, die auch und gerade in Krisenzeiten stabil bleiben. Zudem: Die Vertriebler optimieren ihre eigenen Zahlen; Erfolge anderer stören eher. Die Zusammenarbeit leidet, und in der Folge gehen irgendwann die *Gesamt*zahlen in den Keller.

// SELBSTOPTIMIERUNGEN REDUZIEREN

- **Streichen Sie alle Boni, die übergreifende Zusammenarbeit erschweren.**
- **Streichen Sie alle Boni, die den langfristigen Unternehmenserfolg zugunsten kurzfristiger Erträge opfern.**
- **Bezahlen Sie stattdessen Ihre Leute gut und fair, ohne sie mit materiellen Wohltaten zu überhäufen, und dann lassen Sie sie arbeiten.**
- **Und: Wenn bei der Vertragsverhandlung mit dem neuen Kollegen über die Ausstattung des Firmenwagens länger als über alles andere debattiert wird, ist dies die letzte Chance, der Zusammenarbeit eine Absage zu erteilen. Nutzen Sie sie!**

__Darüber hinaus leiten uns Belohnungen auf die Wege des geringsten Widerstandes. Nicht der wichtige Kunde, der mittel- bis langfristig ein enormes Geschäftspotenzial bringen kann, wird angesprochen, sondern derjenige, der den schnellen Abschluss ohne große Hürden verspricht, auch wenn er strategisch noch so unwichtig für die eigene Organisation ist. Nicht die anspruchsvolle Aufgabe wird angepackt, sondern der Kleinkram des Routinegeschäftes mechanisch abgearbeitet. Standard und Routine verdrängen das Experimentieren und kreative Ansätze.

__Mehr noch: Motivationsdrogen schwächen die Sinne für die mit einem Geschäft verbundenen Risiken. Ein Weg des geringsten Widerstandes – ein besonders gefährlicher – besteht darin, bei der Risikobewertung eineinhalb Augen fest zuzudrücken. Die Aussicht auf den fetten Bonus individualisiert den Ertrag; das Risiko, vom Unternehmen getragen, wird allerdings sozialisiert – eine verheerende Schieflage. Die Wirtschafts- und Finanzkrise 2008 hat die perversen Auswüchse dieser Schieflage insbesondere im Finanzsektor besonders augenfällig gemacht.

// BELOHNUNGSSPRITZEN ENTSORGEN

- **Schimpfen Sie auf Banker, die durch die Verlockungen der Millionenboni zu wilden Spekulanten geworden sind! Es ist gerechtfertigt.**
- **Aber: Durchforsten Sie auch Ihr eigenes Unternehmen beziehungsweise Ihren eigenen Verantwortungsbereich nach schädlichen Belohnungsspritzen und machen Sie ihn wieder zur drogenfreien Zone.**
- **Machen Sie die Verwendung des Wortes »bonusrelevant« abmahnungsfähig.**

__Schließlich sind Anreizsysteme hochkonzentrierter Dünger für den Nährboden der Fremdbestimmung. Nicht mehr *mein* Wirken, das ich aus *eigenem* Antrieb entfalte, steht im Mittelpunkt, sondern die Anreizlenkung durch andere. Nicht mehr um die Aufgabe, deren Erfüllung ich *selbst* gestalte, geht es primär, sondern um das Erreichen einer Belohnung, die andere mir gütigerweise zukommen lassen (oder auch nicht). So werden in einem schleichenden Prozess aus Mitarbeitern irgendwann belohnungssüchtige, unmündige Bonusempfänger. Sie verlieren Selbstvertrauen – im wahrsten Sinne des Wortes: Die vitale Kraft des Selbst, der eigenen Person. Schließlich verlieren sie Selbstachtung, der höchste Preis, den ein Mensch zahlen kann.

__*Hier* – und nirgendwo sonst – liegt im Übrigen die Ursache für Krankheiten wie Burn-out. Die gesamte aufgeregte Diskussion geht diesbezüglich an den Wurzeln vorbei.

Auch wenn Sie bereits 48-mal etwas anderes gehört haben: Ein Burn-out hat nichts, aber auch gar nichts damit zu tun, wie viel und wie lange Sie arbeiten! Erlebte Fremdbestimmung ist die wesentliche Ursache für diese Modeerscheinung. Den empirischen Beleg liefern die Burn-out-Quoten in DAX-Unternehmen. Hier liegt der Finanzsektor, das Gravitationszentrum falsch gesetzter Anreize schlechthin, deutlich höher als andere Branchen.

__Das Gallup-Institut weist darauf hin, dass der deutschen Wirtschaft durch schlechte Führung ein Schaden in der Größenordnung von 120 Milliarden Euro entsteht. Jahr für Jahr. Die Belohnungsmaschinerie trägt einen erheblichen Teil dazu bei. Und dennoch will das klassische Managementdenken von dieser Fehlorientierung partout nicht ablassen, obwohl die Ergebnisse des Motivationsdramas hieran nicht vorbeiführen: Sieben von acht Mitarbeitern haben gar keine oder nur eine geringe emotionale Bindung an das Unternehmen, für das sie arbeiten.

»WIR KÖNNEN UNS NICHT VON MEYER TRENNEN. DAS WÄRE UNSOZIAL«

Bullshit 7

__Kaum eine Entscheidung fällt vielen Führungskräften so schwer, wie die Zusammenarbeit mit Menschen in der Organisation zu beenden. Trennungen rütteln an der Grundfeste Sicherheit und wachsen sich nicht selten zum regelrechten Albtraum aus. Deswegen zögern wir klare Worte hinaus. Lieber aussitzen und Unruhe vermeiden. Trennungen werden vertagt und wieder vertagt, oftmals nicht ohne erheblichen Schaden für das Unternehmen. Die Liste der Ausreden und Konfliktvermeidungsansätze ist lang.

- »Eigentlich hat er das Projekt doch ganz ordentlich geleitet.« Dass die schlechte Projektführung das Unternehmen Unsummen gekostet hat und zwei jüngere Kollegen das Schlimmste verhindert haben, wird ausgeblendet.

- »Jetzt, so kurz vor den Ferien, können wir das nicht machen.« Was für ein Schwachsinn. Nicht Ferienkalender bestimmen Trennungszeitpunkte, sondern Verlauf und Dauer mangelnder Leistung. Im Übrigen: Der nächste ungelegene Augenblick kommt bestimmt.

- »Müller ist aber schon so lange im Unternehmen – das wird teuer.« Schlimm genug, dass Müller wahrscheinlich schon seit vielen Jahren keinen spürbaren Beitrag leistet. Keine Abfindung, auch wenn sie arbeitsrechtlich aufgebläht sein mag, kann höher sein als die Folgen mangelnder Konsequenz bei Personalentscheidungen.

- »Wir können Schmidtchen nicht kündigen, jetzt, wo er gerade ein Haus gebaut hat.« Ein fundamentales Missverständnis. Kein Unternehmen der Welt kann für die private Finanzplanung seiner Mitarbeiter verantwortlich sein. Wer so denkt, macht aus erwachsenen Menschen unmündige Gehaltsempfänger, die klein- und in Abhängigkeit gehalten werden sollen. Wer so denkt, stellt ein Partikularinteresse über das Interesse des Gesamtunternehmens – ein fataler und leider häufiger Fehler.

- »Mir fällt diese Entscheidung aber so schwer!« In diesem Fall stellt sich die Frage, ob derjenige, der so etwas sagt, an der richtigen Stelle ist. Ein derartiges vordergründiges Harmoniebedürfnis ist mit wirksamer Führung nicht vereinbar. Die Leistungsträger im Unternehmen sehen sich solche Verhaltensmuster eine gewisse Zeit an. Dann gehen sie.

__Wer kennt nicht selbst viele Situationen, in denen notwendige Veränderungen stockten, weil schwierige personelle Entscheidungen ausgeblieben sind. Wir missverstehen Trennungen als Attacke auf Sicherheit, obwohl sie eine der natürlichsten Vorgänge im lebenden Organismus Unternehmen sind. Kaum jemand bestreitet ernsthaft, dass permanente Veränderungsbereitschaft einer der wichtigsten Wettbewerbsfaktoren überhaupt geworden ist. Trotzdem halten wir an der völlig unrealistischen Annahme fest, dass Veränderung ohne Trennungen machbar sei.

// SCHLUSS MIT AUSREDEN!

- Reden Sie dauerhafte Minderleistung nicht schön. Weder sich selbst noch demjenigen, den es betrifft.
- Beachten Sie stets: Über jedem Einzelinteresse steht das Gesamtinteresse des Unternehmens.
- Wer dauerhaft keinen ausreichenden Beitrag leistet, ist in aller Regel selbst unzufrieden, unglücklich und fühlt sich nicht wohl in seiner Haut. Langwierige Durchhalteparolen gegenüber sich selbst sind einer der sichersten Wege hin zu starken körperlichen Reaktionen und schweren Krankheiten.
- Insofern: Nicht Trennungen sind respektlos und unsozial, sondern das Augenverschließen vor dauerhaften Leistungsproblemen und das – oftmals jahrelange – Hinausschieben notwendiger Entscheidungen.
- Wenn Trennungen notwendig werden: Begleiten Sie Ihren Kollegen mit Anstand bei diesem Prozess. Externe Dienstleister können hierbei helfen. Beauftragen Sie beispielsweise einen Karriereberater, der Ihrem Ex-Kollegen hilft, seine Stärken und Schwächen richtig einzuschätzen, gemeinsam mit ihm neue Einsatzmöglichkeiten diskutiert und ihn auf Bewerbungen vorbereitet.

__Wohlgemerkt: Es geht hier nicht darum, dass jemand gerade eine schwierige Phase durchmacht (die vielleicht mit dem Unternehmen gar nichts zu tun hat) und sein Beitrag darunter leidet. Ganz im Gegenteil, niemand läuft jeden Tag auf Hochtouren. Buchstäblich niemand erbringt ständig Spitzenleistungen. Dieser Anspruch ist zwar immer noch weit verbreitet, allerdings Lichtjahre von jeder praktischen Vernunft und betrieblichen Realität entfernt und schlichtweg inhuman. Aber: Entspricht die Leistung dauerhaft nicht den Anforderungen, ist die Trennung die natürliche Konsequenz. Führung heißt eben auch, zu erkennen, wann Trennungen notwendig sind, und diese dann mit Augenmaß und Konsequenz umzusetzen.

__Und zwar als *ultima ratio*. Als letztes mögliches Mittel, nachdem zuvor andere Wege der Auseinandersetzung nicht die gewünschten Wirkungen entfaltet haben. Wie sieht also das Spektrum möglicher Maßnahmen aus?

Viele Möglichkeiten auf dem Weg zur Trennung

__Es beginnt mit laufendem Feedback, der Auseinandersetzung – meistens zwischen zwei Personen – über einen ganz konkreten Sachverhalt. Wer laufend Feedback erhält, weiß, woran er ist, und kann seine eigene Leistung besser und realistischer einschätzen. So wird Feedback zum wichtigsten Hebel der eigenen Standortbestimmung.

// GEBEN SIE FEEDBACK – JEDEN TAG!

- **Der Kern: Gutes Feedback sollte so zeitnah wie möglich erfolgen, am besten direkt im Anschluss an die jeweilige Begebenheit. Wer weiß denn noch, was sich genau vor vier Wochen oder gar acht Monaten zugetragen hat? Niemand. Des Weiteren: Machen Sie Ihr Feedback so konkret wie möglich, nicht summarisch-abstrakt.**
- **Treffen Sie als Feedbackgeber klare und verbindliche Verabredungen für die Zukunft mit Ihrem Gesprächspartner.**
- **Geben Sie laufend Feedback – am besten jeden Tag.**
- **Fragen Sie aktiv nach Feedback zu Ihrem eigenen Führungshandeln.**

__Wenn wir Feedback konstruktiv und regelmäßig anwenden, wird die Leistungseinschätzung – der nächste Schritt des professionellen Umgangs miteinander – kinderleicht. Wer kennt nicht diese Situation: Wir sitzen im sogenannten Jahresgespräch und wollen uns mit einem Mitarbeiter über dessen Leistung während der vergangenen zwölf Monate unterhalten. Allgemeinplätze wie »Im Großen und Ganzen ist die Kundenbetreuung ja besser geworden« sind der Regelfall und nicht die Ausnahme. Auf Nachfrage fehlen uns die Beispiele. Peinliches Schweigen und generisches Gefasel folgen. Im Ergebnis empfinden viele Führungskräfte die anstehenden Jahresgespräche als Last; manchem treiben sie regelrecht Angstschweiß auf die Stirn.

__Das muss nicht sein, im Gegenteil. Sie bereiten sich bestmöglich vor, indem Sie im Verlauf des Jahres die wesentlichen Begebenheiten, besonders gute wie unzureichende Leistungen und generelle Entwicklungen, schriftlich festhalten. Ganz egal, ob in der Cloud oder in Ihrem Notizbuch.

// WESENTLICHES SCHRIFTLICH FESTHALTEN

- **Führen Sie Jahresgespräche mit Zeit, Ruhe und gelassener Aufmerksamkeit durch. Planen Sie hierfür zwei Stunden ein, in denen Ihr Gesprächspartner und Sie in keinem Fall gestört werden.**
- **Lassen Sie zunächst Ihren Kollegen sprechen. Nur so erfahren Sie viel über dessen Schwerpunkte, Pläne, Einschätzungen und bekommen ein Gespür für sein Ambitionslevel. Geben Sie hierfür allenfalls Leitfragen vor, etwa:**

  Was waren aus Ihrer Sicht Ihre wichtigsten Aufgaben während der letzten zwölf Monate?

  Was ist in Ihrer Einschätzung besonders gut gelaufen und warum? Was ist besonders schlecht gelaufen und warum?

  Welche Erwartungen an unsere Zusammenarbeit haben Sie für das kommende Jahr?
- **Gehen Sie sodann Ihre Aufzeichnungen durch und gleichen Sie Ihre Punkte mit den Einschätzungen Ihres Gesprächspartners ab.**

• Damit ist das klassische Jahresgespräch passé. Es geht hier vielmehr darum, die Erkenntnisse des laufenden Feedbacks zusammenzufassen und gemeinsam über die Schlussfolgerungen zu reflektieren.

• So wird aus einer Last eine Begegnung, in der sich beide Gesprächspartner offen, neugierig, konstruktiv und anregend austauschen. Eine Begegnung, die auch Anekdotisches bereithalten kann, in der gelacht werden darf und die einen couragierten Ausblick auf das kommende Jahr wirft.

__Selbst wenn es trotz laufenden Feedbacks und professionell geführter Jahresgespräche immer noch Leistungsdefizite bei einem Mitarbeiter gibt, stellt sich noch nicht unbedingt die Frage einer Trennung. Mindestens einen weiteren Schritt sollten Sie unbedingt prüfen: die Veränderung des Aufgaben- und Verantwortungsbereiches.

__Wer beispielsweise an der Verkaufsfront dauerhaft schlechte Ergebnisse erzielt, mag etwa im Vertriebsinnendienst einen guten Beitrag leisten. Weil individuelle Stärken – hier unter anderem Zahlenanalysen und die Aufbereitung von Vertriebsunterlagen – dort besser zum Tragen kommen. Was wir also herausfinden müssen, ist nicht mehr und nicht weniger als die jeweiligen individuellen Stärken. Das ist nicht trivial, aber machbar.

// INDIVIDUELLE STÄRKEN UND VORHANDENE AUFGABEN ZUSAMMENBRINGEN

- Definieren Sie für die wesentlichen Aufgaben Ihres Verantwortungsbereiches deren Anforderungen. Mit anderen Worten: Welche Kernkompetenzen werden benötigt, um die jeweilige Aufgabe bestmöglich wahrnehmen zu können?
- Arbeiten Sie die individuellen Stärken jedes Mitarbeiters gemeinsam heraus. Die Leitfrage hierfür lautet: »Was fällt Ihnen leicht?«
- Gleichen Sie schließlich beides ab. Setzen Sie Ihre Leute so weit wie möglich dort ein, wo diese ihre individuellen Stärken entfalten können. Dafür gibt es 17 betriebliche Einschränkungen? Ja, natürlich. Das macht diese Führungsaufgabe nur umso wichtiger.

__Wenn auch Veränderungen des Aufgaben- und Verantwortungsbereiches letztlich ohne die notwendige Wirkung bleiben und die Leistungsdefizite hartnäckig weiterbestehen, dann – und erst dann – kommt der Weg der Trennung ins Spiel. Und zwar mit Augenmaß und Konsequenz und ohne die eingangs beschriebenen Ausflüchte.

__Dabei sollte uns nicht nur die generelle Erkenntnis helfen, dass Trennungen ein natürlicher Bestandteil jeder organisatorischen Entwicklung sind und in Zeiten hoher Veränderungsgeschwindigkeit die Vorstellung, dass wir ohne sie auskämen, wie ein einziger Anachronismus wirkt. Auch in praktischer Hinsicht sollten wir zuversichtlicher sein, denn häufiger als vermutet entpuppen sich Trennungsentscheidungen als Startpunkt eines befreienden persönlichen Neuanfangs.

»WIR SIND ALLE GLEICH UND DUZEN UNS AB JETZT«

Bullshit 8

__Neun von zehn Managern würden bestätigen, dass ihr Unternehmen wirklich alles tut, um auf die individuellen Bedürfnisse des Einzelnen bestmöglich einzugehen. Aber ist das wirklich so? Werfen wir einen Blick hinter die oberflächlichen Sonntagsreden und Hochglanzbroschüren des Employer Branding.

Gleichmacherei beim Urlaub – nur weil es alle so machen

__Wer sagt eigentlich, dass jeder Mensch in Ihrem Unternehmen die gleiche Anzahl an Urlaubstagen benötigt, um seine optimale Leistungskraft im Sinne des Unternehmens zu entfalten? Nur weil alle der gleichen einfallslosen Praxis folgen und jedem Mitarbeiter den gleichen Standard überstülpen, muss es ja nicht richtig sein.

__Es ist sogar grundfalsch. Denn die Bedürfnisse derjenigen, die in unseren Unternehmen arbeiten, sind so unterschiedlich wie die Menschen selbst. Im Übrigen bringen unterschiedliche Lebensphasen unterschiedliche Bedürfnisse nach freier Zeit mit sich. Wer seine kleinen Kinder aufwachsen sehen will, wird sich 40 oder 50 Urlaubstage wünschen, in anderen Jahren dagegen mit 15 auskommen. Erste Unternehmen haben erkannt, wie absurd die gängige Einheitsurlaubs-Praxis ist und wie leicht sie auf individuelle Bedürfnisse eingehen können.

// URLAUB NACH MASS

- Besprechen Sie zu Jahresbeginn mit dem Einzelnen das zu erwartende Urlaubskontingent und passen selbstverständlich das Gehalt entsprechend nach oben oder unten an.
- Sie können ein Gespräch zur Jahresmitte hinzufügen, in dem die Planung überprüft wird.
- Freuen Sie sich über die Reaktionen aus Ihrer Mannschaft.

__Warum passen wir uns krampfhaft dem Budget der Resturlaubstage an? Drehen wir den Spieß um: Unsere Bedürfnisse sollten definieren, wie viele Urlaubstage wir in einem Jahr nehmen. Das geht nicht? Der ganze Betrieb bricht zusammen, und das Organisationschaos bricht aus? Nix da, das einzige Hindernis liegt in unseren Köpfen: Wir müssen nur dafür sorgen, dass Kernkompetenzen nicht auf Einzelpersonen konzentriert sind, dass die Organisation durchlässiger wird und dass die Menschen bei uns anfangen, über ihr Kästchen im Organigramm hinauszudenken. Die Wahrnehmung der anstehenden Aufgaben durch die bestehende Mannschaft erfordert Anpassungen – und zwar nicht jeden dritten Dienstag, sondern fortlaufend. Gewöhnen wir uns also an den Gedanken der dauernden Veränderung.

__Im Übrigen werden die heute unter 30-Jährigen, die in den nächsten Jahren immer stärker in Führungsaufgaben hineinwachsen, ein Maß an Individualität einfordern, das wir bisher nicht gekannt haben. Schon in zehn Jahren wird das Prinzip »Gleicher Urlaub für alle« wie ein Relikt aus einer prähistorischen Zeit anmuten. Wer also schon heute die Weichen richtig stellt, schafft sich im Kampf um die zukünftigen Führungskräfte Vorteile. Und das sogar kostenlos.

Gleichmacherei bei der Arbeitszeit – vom Teufelszeug Zeiterfassung

__Alltag in den Eingangskorridoren vieler deutscher Unternehmen: Die Belegschaft (damit meinen wir die »graue Masse Personal«) strömt ins Gebäude, und die erste Amtshandlung besteht darin, den Firmenausweis durch die Stechuhr zu ziehen. Die Vorstellung, mittels Zeiterfassung kontrollieren zu können, wie lange die Arbeitskraft ihre Arbeit verrichtet, gehört zu den größten Missverständnissen unserer Zeit.

__Wieder werden alle über einen Kamm geschoren: Wer seine 35 oder 38,5 Stunden abgesessen hat, ist durch. Besonders groteske Stilblüten treibt diese alltägliche Form der Gleichmacherei, wenn sich leistungsbereite Menschen über die Diktatur des allgemeinverbindlichen Zeitkontingents hinwegsetzen wollen, weil sie beispielsweise ein Teilprojekt oder eine Aufgabe noch abschließen wollen. Weil genau das im besten Sinne des Unternehmens ist. Aussagen wie »Ich habe das zu Hause gemacht, damit keiner sieht, dass ich länger arbeite« oder »Ich habe schon ausgestempelt, sonst bekomme ich Probleme« sind keine Seltenheit. Das sollen Umgebungen sein, in denen

Spitzenprodukte für hart umkämpfte Weltmärkte hergestellt werden? Lächerlich.

__Darüber hinaus gibt es weitere verheerende Folgewirkungen, die sich schleichend einstellen.

__Fehlorientierung: Wer stempeln muss, wird mit mechanischer Sicherheit seinen Blick immer stärker auf den Faktor Zeit lenken. Wann sind die acht Stunden abgesessen? Wann der nächste freie Tag angespart? Hierauf kommt es aber nicht an. Was zählt, sind individuelle Beiträge und Ergebnisse.

__Misstrauen: Halten Sie Ihre Mitarbeiter nicht für dumm. Sie spüren die hinter der Stechuhr liegende Haltung des Misstrauens. Vielleicht artikulieren es nur wenige. Aber die wache Mehrheit fragt sich, manchmal unbewusst, was dieses Überwachungskorsett eigentlich soll. Und die besonders Leistungsbereiten empfinden das Stempeln als Zumutung.

// STECHUHREN ABSCHRAUBEN

- **Deshalb: Weg mit der Zeiterfassung! Schrauben Sie die Stechuhren ab. Gleich morgen früh.**
- **Erläutern Sie Ihrer Mannschaft in persönlicher Ansprache, warum Sie diesen Schritt gehen. Stellen Sie dabei heraus, dass Sie eine Umgebung schaffen wollen, die durch gegenseitiges Vertrauen geprägt ist.**
- **Arbeiten Sie direkt im Anschluss an diese Kommunikation mit Ihren Führungskräften heraus, was die Ab-**

schaffung der Zeiterfassung für deren Führungsarbeit bedeutet: echte Auseinandersetzung mit jedem einzelnen Mitarbeiter und dessen Leistung beziehungsweise Beitrag; laufendes Feedback entlang des Geschäftsjahres; Klarheit in den gegenseitigen Erwartungen.

- Beobachten Sie wach die Reaktion jedes Einzelnen: Wer reagiert positiv auf diesen Schritt zu mehr Eigenverantwortung, Vertrauen und Freiheit? Wer wehrt sich dagegen? Sie werden gute Indikationen erhalten, mit wem Sie die Zukunft des Unternehmens gestalten können.
- Schließlich: Lassen Sie sich nicht beirren von den Einwänden, die einige hervorbringen werden.

__Denn die Liste der Einwände ist lang. Eine Auswahl: »In der Verwaltung mag das ja funktionieren, aber in der Produktion brauche ich das, sonst brechen die Fertigungsabläufe zusammen.« Was hier beschrieben wird, ist keine Auseinandersetzung mit dem Thema Zeiterfassung, sondern die schlichte Notwendigkeit, die betrieblichen Abläufe zu regeln. Eine Selbstverständlichkeit. Wer in der Fertigung drei Schichten an sechs Tagen fährt, muss das organisieren. Genauso wie in der Verwaltung, wo beispielsweise eine bestimmte Erreichbarkeit für Dritte gewährleistet sein muss. Verwechseln wir also nicht Stechuhren zur Kontrolle unmündiger Gehaltsempfänger mit der Organisation betrieblicher Abläufe. »Wir müssen die Zeit erfassen, um zu wissen, wie profitabel unsere Projekte sind.« Auch hier wird der Zweck einer sinnvollen Profitabilitätsanalyse mit dem sinnbefreiten und hoffnungslosen Versuch vermischt, physische Anwesenheit zu dokumentieren. »Wir bezahlen aber nach gearbeiteten Stunden.« Das ist eine Entscheidung, aber es ist die falsche. »Ich muss meine Mitarbeiter schließlich beurteilen.« Wer in seinem Verantwortungsbereich Stempeluhren benötigt, um individuelle Leistung zu beurteilen, versagt als Führungskraft.

__Stechuhren wirken heute wie ein einziger Anachronismus. Und morgen werden sie von der nachrückenden Führungsgeneration der Digital Natives endgültig ad absurdum geführt. Wer dieses Kontrollmonstrum beibehält, sollte die Jammerei darüber beenden, dass Mitarbeiter im Unternehmen nicht eigenverantwortlich und flexibel agieren.

Gleichmacherei bei der Ansprache – zwischen Schwachsinn und Sozialromantik

__Seit Frühjahr 2016 duzt bei Lidl und Kaufland jeder jeden. Das urdeutsche »Sie« störe nur bei der Entwicklung des immer internationaleren Geschäftes. Die Schwarz-Gruppe, zu der Lidl und Kaufland gehören, ist mit 80 Milliarden Euro Umsatz einer der größten Handelskonzerne Europas. Das Sie-Land Deutschland sei zwar dessen Heimat, aber die Bedeutung dieser Wurzeln nehme weiter ab. Also wurde jüngst allen Mitarbeitern per Dekret verordnet, wie sie zukünftig sprachlich miteinander umzugehen haben. Lidl-Chef Seidel: »Kollegen mit dem Vornamen anzusprechen ist Ausdruck von Wertschätzung.«

__Was hier sozialromantisch daherkommt, entpuppt sich bei klarem Verstand nicht nur als weiterer Beitrag zur In-

fantilisierung des Managements, sondern auch als totalitärer Angriff auf das Individuum und seine Entscheidungsfähigkeit und -bereitschaft. Wer so vorgeht, behandelt seine Leute wie unmündige Idioten, die nicht in der Lage sind, selbst zu entscheiden, welchen Kollegen sie duzen und wen nicht. So wird das Unternehmen zum Umerziehungsheim mit freundlichem Antlitz. Der nächste Schritt könnte darin bestehen, dass alle Mitarbeiter eine Narrenkappe tragen, schließlich ist ja erwiesen, dass eine Portion Humor schwierige Probleme lösen hilft und überhaupt gut für Teambildung und -entwicklung ist.

__Spaß beiseite: Die allerorten zu spürende Hilflosigkeit beim Schaffen vitaler Unternehmenskulturen könnte deutlicher kaum zum Ausdruck kommen. Natürlich bewirkt das von oben verordnete »Du« kein Jota mehr an Vitalität und Leistungskraft der Organisation, sondern sorgt vor allem für Unsicherheit bei vielen Beteiligten, Kopfschütteln auf den Firmenfluren und reichlich Gesprächsstoff in den Kantinen. Immerhin.

__Und Wertschätzung als angebliche Folge der Duz-Verordnung? Welchen kulturprägenden Beitrag kann diese inflationär bemühte Worthülse aus dem Wohlfühlrepertoire des typischen Gesinnungskitsches jenseits des üblichen »Seid nett zueinander« haben? In einer Zeit, in der solides Abarbeiten vorgegebener Aufgaben nicht mehr ausreicht, um dauerhaft im Markt zu bleiben, in der wir das Unerwartete, Überraschende, aus der Reihe Tanzende händeringend suchen, sollten wir Wertschätzung insbesondere als Auseinandersetzung verstehen, um den richtigen Weg zu gehen, im Sinne eines konstruktiven Reibens um der Sache willen, das bewusst unterschiedliche Perspektiven einbezieht und ernst nimmt. Hieraus leiten sich unmittelbar das Recht und die Pflicht ab, eben nicht unreflektiert in der zentral verordneten Richtung mitzuschwimmen, sondern anders zu sein. Übersetzt auf das Duz-Dekret: Ich treffe meine eigene Entscheidung, wen ich duze und wen nicht, und pflege weiterhin diese bewusste Unterscheidung.

__So wie der Fahrer des Vorstandes, nennen wir ihn Meier, eines Konzerns, der schon vor der Schwarz-Gruppe gleichsam als Pionier das firmenweite Duz-Diktat hinausposaunt hatte. Von der scheinbaren neuen Modernität ganz enthusiasmiert, schwingt sich Vorstand Meier in seinen Firmenwagen und klärt seinen verwirrten Fahrer darüber auf, dass er ab jetzt »Dieter« sei. Der selbstbestimmte Fahrer: »Tut mir leid, für mich sind Sie nach wie vor Herr Meier.«

// GLEICHMACHEREI AUSROTTEN

- **Verzichten Sie auf jede Form von Anordnungen, die die Mündigkeit des Einzelnen untergraben.**
- **Vertrauen Sie darauf, dass jeder Einzelne mit sicherem Gespür entscheiden kann, wen er duzt und wen nicht.**

»IHR MÜSST UNTERNEHMERISCHER WERDEN! WIR BRAUCHEN EINEN START-UP-SPIRIT!«

Bullshit 9

__Kaum ein Wort wird so strapaziert wie Innovation. »Wir leben Innovation«, »Wir liefern innovative Kundenlösungen«, so heißt es in hehren Absichtserklärungen. Ausgelöst werden die Proklamationen durch die Binsenweisheit, dass Innovationsfähigkeit über Wohl und Wehe der Zukunft unserer Unternehmen entscheidet.

__Also schaffen wir Innovationsabteilungen und überprüfen unsere Innovationsprozesse. Soll heißen: Wir delegieren Innovation an eine Abteilung und wundern uns, dass alle anderen sagen: »Für Innovation bin ich nicht zuständig.« Wir pilgern in die gelobten Länder neuer digitaler Geschäftsmodelle: Silicon Valley, Tel Aviv, Berlin und erhoffen uns Inspiration von der Innovationskraft der Start-ups. Wir erleben vorwiegend junge Menschen, die mit unbedingtem Willen ihre Start-ups zum Erfolg bringen wollen und Tag und Nacht an ihrer Idee arbeiten. Mit verklärtem Blick sehen wir kreative Wilde, die mit der Bierflasche an der Spree stehen oder im Bällebad baden und dabei laufend neue Ideen kreieren. Sie übersetzen diese über Nacht in Algorithmen und erzeugen gewaltige Skalierungseffekte bei null Grenzkosten – so unsere Imagination. Sie demonstrieren die neue Leichtigkeit des Seins, sind scheinbar frei von Hierarchien und werden in null Komma nichts zu Milliardären. Start-ups und ihre Gründer werden zur Projektionsfläche unerfüllter Sehnsüchte der Old Economy.

__Kaum kehren wir vom Mekka der hippen Start-ups und disruptiven Innovationslabore in unsere Organisationen zurück, überfällt uns der Katzenjammer. Innovationsbemühungen ersticken im Dschungel von Hierarchien und Prozessen, in endlosen Meetings, quälenden Abstimmungsorgien und

Zuständigkeitskämpfen. »Wir brauchen einen Start-up-Spirit!«, so der verzweifelte Aufschrei der Ernüchterten. In einer "Blut, Schweiß und Tränen"-Rede rufen wir dazu auf, endlich »unternehmerisch« zu sein, »flexibel«, »innovativ« und »agil« obendrein.

__Was für ein Bullshit! Und das in vielerlei Hinsicht: Start-ups mit Milliardenbewertung gibt es weltweit nur 150, keines davon zurzeit in Deutschland. Neun von zehn Start-ups sind in wenigen Jahren insolvent. Erfolgreiche Start-ups müssen innerhalb kürzester Zeit 100 Menschen oder mehr anstellen und entsprechend arbeitsteilige Strukturen aufbauen. Kaum dem Garagenalter entwachsen, werden Abstimmungen, Meetings, Planungen und sogar Verantwortungshierarchien im Arbeitsalltag erforderlich. Gleichzeitig wollen die Start-ups die Unbefangenheit der ersten Stunden nicht verlieren. Ein schwieriger Balanceakt.

__Bullshit aber auch, weil die Aufforderung an unsere bestehende Organisation, gefälligst »unternehmerisch« und »innovativ« zu sein und einen »Start-up-Spirit« an den Tag zu legen, von bemerkenswerter Ignoranz zeugt. Angestellte sind per se nicht »unternehmerisch«. Sonst hätten sie längst gekündigt und selbst ein Unternehmen gegründet. Und eine bestehende Organisation in ein »Start-up« verwandeln zu wollen ist schlicht lächerlich.

// START-UPS SIND NICHT KOPIERBAR

- Start-ups fangen an, wie der Name sagt. Deswegen taugen sie nicht als Vorbild für bestehende Unternehmen.
- Der Spirit eines Start-ups ist ebenfalls nicht kopierbar. Verabschieden Sie sich von diesem Hirngespinst.

__Wir verstehen es nicht: Wir fahren alle denkbaren Geschütze auf, um die Motivation unserer Mitarbeiter zu steigern. Neben den Sonntagsreden haben wir Anreizmechanismen, Personalentwicklungsmaßnahmen, Mitarbeiterzufriedenheits- und Wohlfühlprogramme etabliert, und trotzdem erreichen wir nicht die Vitalität im Unternehmen, die wir uns wünschen. Wir tun alles für unsere Mitarbeiter. Und die danken es mit Bräsigkeit. Wie undankbar!

__Des Pudels Kern liegt auf der Hand: Mit den genannten Instrumenten erzeugen wir das Gegenteil. Wir machen die Organisation bewegungsunfähig und degradieren Mitarbeiter zu unmündigen Befehlsempfängern. Wir zwängen sie in ein so enges Korsett von Vorschriften, Regulierungen und Formalitäten, dass sie das eigene Denken und Handeln frustriert aufgeben, geschweige denn neue Ideen generieren. Wir handeln im Übrigen aus reiner Bequemlichkeit so. Denn wir glauben, dass wir ureigene Führungsverantwortung an Prozesse und Systeme delegieren können. Der Rest kommt von selbst, so unsere Illusion. Führung als Rundum-sorglos-Pauschalpaket.

__Fester Bestandteil des gängigen Repertoires des HR-Instrumentenkastens ist das sogenannte »360-Grad-Feedback«. Danach beurteilen wir nicht nur die Vorgesetzten, sondern auch hierarchisch gleichgestellte Kollegen und eigene Mitarbeiter und erhalten von diesen eine Bewertung. Mehr Richtungen erzeugt mehr Objektivität – auf diesen Nenner lässt sich unsere hiermit verbundene Hoffnung bringen.

__Das Instrument weist gleich mehrere Konstruktionsfehler auf. So zeugt der Glaube, dass Kollegen, die um das knappe Gut Karriereaufstieg im Wettbewerb stehen, einander unvoreingenommen bewerten, von Weltfremdheit. Die Mitarbeiterbewertungen werden anonym durchgeführt. Ohne Anonymität keine Offenheit, so nehmen wir an. 360-Grad-Feedbacks setzen also eine Offenheit voraus, die durch sie erst geschaffen werden soll – ein Widerspruch in sich. Folgerichtig geht es in den Wochen des 360-Grad-Feedbacks auf den Unternehmensfluren und in der Kantine zu wie auf einem Basar: »Wie du mir, so ich dir«, »Die eine Krähe hackt der anderen kein Auge aus« – so lautet die Devise. Was das mit der Einschätzung von individueller Leistung und Zusammenarbeit zu tun hat, weiß kein Mensch.

// LAUFENDES FEEDBACK STATT HYPE UM FEHLERKULTUR

- Stattdessen integrieren Sie persönliches Feedback mit Ihren Kollegen und Mitarbeitern direkt im Arbeitsalltag. Wie das geht, haben wir erläutert.
- Schaffen Sie über eine alltäglich praktizierte Feedback-Kultur eine Atmosphäre, bei der kritisches Feedback und Fehler als wichtige Lernerfahrungen verstanden werden. Wenn Sie diese Selbstverständlichkeit im Umgang mit Fehlern in Ihrer Organisation verankern, können Sie sich das ganze Hohelied auf eine Fehlerkultur sparen. Sie leben es bereits.

__Mitarbeiterumfragen sind ein weiteres Instrument aus der Asservatenkammer, das unserer Sorge um das Wohl des Mitarbeiters Ausdruck verleihen soll. Die über 60 Aussagen zur erlebten Arbeitskultur, die vom Mitarbeiter zu bewerten sind, sowie die mehrseitige Gebrauchsanleitung suggerieren Wissenschaftlichkeit und Objektivität. Am Ende werden die Aussagen so stark aggregiert – »Die Mitarbeiter fühlen sich nur bedingt wertgeschätzt« oder »Die abteilungsübergreifende Zusammenarbeit hat sich gegenüber dem Vorjahr um 20 Prozent verschlechtert« –, dass eine verbindliche Übersetzung der Erkenntnisse unmöglich wird. Unverbindliche individuelle Führungsbeziehungen werden zu einem nichtssagenden Durchschnitt zusammengeführt. Wer trägt die Verantwortung für die mangelnde abteilungsübergreifende Zusammenarbeit? Wie können wir konstruktiver im Sinne des Ganzen zusammenarbeiten? Wie lösen wir die dabei aufkommenden Konflikte? Zu alldem Fehlanzeige.

__Das Beste kommt zum Schluss. Nachdem wir mit Aplomb das große Nichts erschaffen haben, stehen wir vor einem noch größeren Rätsel: »Die Mitarbeiterzufriedenheit liegt unter den Werten des Vorjahres und unter dem Durchschnitt der Branche.« Und jetzt? Was machen wir damit? Hektische und völlig orientierungslose Betriebsamkeit setzt ein. Tiraden von Meetings werden abgehalten, um am Ende die Personalentwicklung (wir berichteten!) mit neuen Mitteln auszustatten, Massagen und Obstkörbe am Arbeitsplatz einzuführen – und ähnlich nutzlose Dinge mehr in die Welt zu setzen. Alles in der Hoffnung, endlich diese träge Masse Mitarbeiter in Bewegung setzen zu können.

// MITARBEITERZUFRIEDENHEITSUMFRAGEN ERST GAR NICHT ANFANGEN

- **Ein Wort mit 33 Buchstaben. Es deutet darauf hin, dass etwas nicht stimmen kann. Das bürokratische Monstrum verleitet dazu, die Fragen neben drängenden Themen des Tagesgeschäfts möglichst rasch abzuhaken. Der ohnedies schon schwache Ertrag fällt noch inhaltsleerer aus.**
- **Die Ratlosigkeit nach der gigantischen Übung spricht Bände. Sie spüren genau, dass dieser Unsinn nicht im Kern dort ansetzt, worauf es ankommt. Lassen Sie es einfach und konzentrieren Sie sich auf den Kern der Sache.**

__Echte Zufriedenheit entsteht dort, wo meine Stärken und Schwächen ernst genommen werden; wo Führungskraft und Mitarbeiter gemeinsam herausfinden, wie diese am besten im Sinne des Ganzen eingesetzt werden.

// ERWARTUNGEN ABGLEICHEN

- **Führen Sie mit Ihrem Mitarbeiter alle drei Monate einen Abgleich der Erwartungen durch, die Sie aneinander haben: »Müller, ich erwarte von Ihnen, dass Sie in den nächsten zwei Monaten die Umsetzung der erarbeiteten Strategie strukturieren und sorgfältig vorbereiten.« Erwartungen sind keine Einbahnstraße: »Ich freue mich auf die Aufgabe, Chef. Um das erreichen zu können, brauche ich von Ihnen sichtbaren Rückhalt. Außerdem wünsche ich mir die Investition in ein Softwaretool, das allen an der Abarbeitung der Strategie Beteiligten den Fortschritt und deren individuellen Beitrag zum Ganzen visualisiert. Das wird die Verbindlichkeit der späteren Umsetzung deutlich erhöhen.«**
- **Halten Sie die Erwartungen schriftlich fest und machen den Erwartungsabgleich zum Gegenstand Ihres Jahresgesprächs. Sie werden überrascht sein, wie gehaltvoll auf einmal ein solches Gespräch abläuft.**

__Es gehört zu den größten Kuriositäten der Unternehmenswirklichkeit, dass Arbeitsverträge zwar seitenlange Ausführungen über Selbstverständlichkeiten beinhalten, die im deutschen Arbeitsrecht ohnedies geregelt sind. Über die eigentliche Aufgabe jedoch findet sich im Vertrag allenfalls eine Funktionsbezeichnung: »Leiter Vertrieb« oder »Senior Vice President IT«. Hier liegen die größten Missverständnisse, die später zu Frustration auf beiden Seiten und schließlich zu hohen Abfindungssummen bei einer Vertragsauflösung führen: »So habe ich mir das nicht vorgestellt«, »Das hatte man mir bei Vertragsunterzeichnung ganz anders dargestellt«, »Sie haben meine Erwartungen nicht erfüllt«. Wenn die Erwartungen nicht ausgesprochen sind, wie soll der neue Mitarbeiter diese erfüllen?

// ERWARTUNGSABGLEICH STATT ARBEITSVERTRÄGE

- **Klären und präzisieren Sie die gegenseitigen Erwartungen *vor* Vertragsunterzeichnung.**
- **Verzichten Sie am besten ganz auf Arbeitsverträge, die rechtliche Selbstverständlichkeiten enthalten. Konzentrieren Sie sich auf die Beschreibung der Aufgabe, die der neue Mitarbeiter übernehmen soll.**

__Yoga in der Mittagspause, Tanzen nach Feierabend – der ganze Wohlfühl-Klimbim schafft keine vitale Unternehmenskultur, die durch Eigenverantwortung geprägt ist, sondern verstärkt das Gegenteil: Unmündigkeit und den Drang nach Selbstoptimierung auf Kosten des Unternehmens. Vielleicht das größte Problem hinter diesen tückischen Übungen: Sie sollen eine Sehnsucht nach Ruhe im Unternehmen befriedigen. Aus Angst vor einem klaren Bekenntnis, dass unser Geschäftsmodell unsicherer ist als je zuvor, wollen wir eine Atmosphäre der Harmonie schaffen,

die Sicherheit suggeriert. Wir lullen die Mitarbeiter in trügerische Ruhe ein und erwarten gleichzeitig Unternehmertum, dessen integraler Bestandteil Unsicherheit und produktive Unruhe sind. Das passt vorne und hinten nicht zusammen.

// UNRUHE UND UNGEWISSHEIT SIND DIE NEUE NORMALITÄT

- **Umarmen Sie Unruhe und Unsicherheit und kommunizieren Sie offen und ehrlich, dass dieser Aggregatzustand die Normalität in den nächsten Jahren sein wird.**
- **Ungewissheit kennt nur einen Ausweg: Nutzen Sie das Wissen der vielen in Ihrem Unternehmen. Und geben Sie ihm Raum zur Entfaltung. In den damit vermeintlich verbundenen Risiken liegt die einzige Chance, die Zukunft Ihres Unternehmens zu sichern.**
- **Geben Sie den Freiraum für die Übernahme von Eigenverantwortung, den Ideen und Innovationen brauchen wie Sauerstoff zum Leben.**

»UND DAS IST IHR KÄSTCHEN IN UNSEREM ORGANIGRAM«

Bullshit 10

__Sinnbild der Art und Weise, wie wir unsere Aufgaben organisieren, ist das Organigramm. Wir erkennen pyramidal angeordnete Kästchen, die durch von oben nach unten verlaufende, Befehl und Gehorsam suggerierende Berichtslinien verbunden sind. Eine Verständigung zwischen den Kästchen ist im Organigramm nicht angelegt. Die Kästchen beschreiben Abteilungen, die Aufgaben voneinander ab-teilen (sic!). In den Kästchen sind Stellen und Stelleninhaber »aufgehängt« (ein bemerkenswerter Zustand!). »Wer kommt an deine Stelle?«, so fragen wir, wenn ein Stelleninhaber geht. Soll heißen: Auch wenn sich der Markt und die Welt verändern, die Organisation hält weiter an ihren Stellen und deren einmal gefundenen Beschreibungen fest. An der Spitze der Pyramide steht der Chef. Er hält alle Fäden in der Hand und kontrolliert die Maschine über kaskadierte Berichtslinien. Die Mitarbeiter wissen – wenn überhaupt – gerade so viel, wie sie zur Erledigung der ihnen zugeteilten Aufgaben wissen müssen.

__Taylor lässt grüßen. Es ist offenkundig, dass diese einhundert Jahre alte Art, sich zu organisieren, den Entwicklungen hinterherhinkt. Täglich stöhnen wir über die Silos und die Bewegungsunfähigkeit der Organisation. An den sogenannten Schnittstellen, also dort, wo die Kästchen dann doch zusammenarbeiten sollen, knirscht es laufend. Dort versucht der Vertrieb der Produktion bar jeder Kenntnis der Produktionsabläufe neue Kundenanforderungen zu erläutern. Die Produktion entgegnet bar jeder Kenntnis der Dynamik da draußen, dass die Markterfordernisse nicht oder nur unter Inkaufnahme erheblicher Neuinvestitionen und allenfalls in zwei Jahren zu erfüllen seien. Gerade wenn es um Zielkonflikte geht, ist unser Organisationsmodell strukturell überfordert. Richten muss es der Chef, der als Ober-

kontrolleur angesichts der vielen Brände im Unternehmen dauerhaft überbelastet ist.

__Wo liegt der Ausweg? Erste Ansätze für ein anderes Verständnis von Organisation hat die Softwareindustrie in den 1990er-Jahren entwickelt. Sie machte die Erfahrung, dass sich rasch verändernde Kundenanforderungen nicht länger über detaillierte Planung und Kontrolle, sondern nur über eine kluge Mischung aus Chaos und Regeln bedienen lassen. Das *Agile Manifesto* von 2001 setzt starren Prozessen und Instrumenten Vertrauen in Individuen und laufende Interaktion entgegen. Statt sich mit Kunden monatelang über Verträge einigen zu wollen, arbeiten beide gemeinsam an einer optimalen Lösung. Das war die Geburtsstunde des agilen Arbeitens. Agilität beruht auf der Überzeugung, dass wir uns von dem Gedanken der Planbarkeit und Berechenbarkeit von Rahmenbedingungen endgültig verabschieden müssen. Agilität ist das Todesurteil für Prozesse, Stellenbeschreibungen und Organigramme.

// WORTHÜLSE AGILITÄT

Denken Sie nach, bevor Sie die inflationär verwendete Worthülse »Agilität« in den Mund nehmen. Sie stellt Ihre Prozesse, Stellenbeschreibungen und Ihr geliebtes Organigramm fundamental in Frage.

__In der Folge entstanden neue Modelle zur Organisation von Zusammenarbeit. Sie fußen auf einer Handvoll Prinzipien. Die wichtigsten:

__**Sich schnell nach vorne irren:** Innovationen entstehen nicht mehr im stillen Kämmerlein des Tüftlers, in dem das perfekte Produkt entwickelt und dann auf den Markt gebracht wird. *Stattdessen:* Sie testen erste Annahmen mit ihren besten Kunden. Gemeinsam mit ihm lernen sie rasch aus Fehlern, überarbeiten Prototypen, so lange, bis das auf die Kundenbedürfnisse zugeschnittene Produkt steht.

__**Wissen teilen:** Angesichts der hohen Transparenz und Vernetzung, welche die Digitalisierung bietet, ist es wirklichkeitsfremd, Wissen schützen und nach einem Alleinstellungsmerkmal im Markt suchen zu wollen. *Stattdessen:* Gestalten Sie ein Ökosystem rund um Ihr Geschäftsmodell. Öffnen Sie Ihre Daten für Kooperationspartner – Gleichgesinnte, strategische Partner, Wettbewerber und Branchenfremde.

__**Das Wissen der vielen nutzen:** Der Chef an der Spitze, der alles weiß und alles kontrolliert – das Modell ist der Garant für den mittelfristigen Untergang Ihres Unternehmens. *Stattdessen:* Das gesammelte Wissen und alle relevanten Perspektiven in- und außerhalb Ihrer Organisation wirken an guten Antworten auf Zukunftsfragen mit. Teams erhalten keine Ziele und Regeln »von oben«, sondern setzen sie sich selbst.

// FAULE AUSREDE

Das ist ja schön und gut, sagen Sie jetzt. Aber so könne man unmöglich in Geschäftsmodellen agieren, die sich in einem hochregulierten Umfeld bewegen. Das ist eine faule Ausrede, wie Beispiele aus der Pharma- und Generikaindustrie belegen. Enges Zusammenwirken mit Kunden und transparenter Austausch mit Arzneimittel genehmigenden Behörden im Vorfeld von anstehenden Inspektionen sind das beste Mittel zum Aufbau von belastbarem Vertrauen.

__Hier zwei Beispiele für Organisationsmodelle, die auf agiler Zusammenarbeit aufbauen.

__**Scrum** organisiert das beschriebene Nach-vorne-Irren als »Sprints«, die multidisziplinär besetzte Teams verantworten. Die Teams arbeiten projektzentriert an *einem* übergeordneten Thema oder zu *einer* wichtigen Zukunftsfrage und setzen sich selbst Ziele und Regeln der Zusammenarbeit. Die Mitglieder stehen mit Kollegen anderer Teams in laufendem informellen Kontakt und stellen so teamübergreifenden Wissensaustausch sicher. Ein Product Owner achtet auf die Einhaltung der Ziele und Regeln. Ein Scrum-Master steht als Mentor für agiles Arbeiten zur Verfügung.

__**Holacracy** legt Verantwortung und Autorität über klar definierte Aufgabenbereiche – sogenannte »Circles« – in die Verantwortung und Entscheidungsmacht von fachkompetenten Mitarbeitern. Jeder Circle hat einen sogenannten »Lead

Link«, dessen Aufgabe es ist, für die reibungslose Zusammenarbeit innerhalb eines Circles zu sorgen. Holacracy ist nach Lösungskompetenzen strukturiert. Hierarchien sind abgeschafft. Alle Beteiligten arbeiten und entscheiden nach den oben genannten Regeln des agilen Managements.

// WIDERSTÄNDE AUS DER ALTEN WELT

- **Das Gerede von Partizipation, sich selbst regulierende Teams! Ihre erste Reaktion: »Diese Basisdemokratie hat noch nie funktioniert. Einer muss doch sagen, wo es langgeht.« Wenn Sie gedanklich dort stehen bleiben, besteht der größte Nutzen, den Sie Ihrem Unternehmen bieten können, darin, Ihre Frühpensionierung einzureichen.**
- **Organisationsmodelle, die Mitarbeiter in die Eigenverantwortung lassen, haben nichts mit einem Alle-reden-über-alles-Ansatz zu tun. Im Gegenteil: Klare Regeln und verbindliche Absprachen ordnen die Zusammenarbeit. Die kommen nur nicht von oben, sondern die Organisation setzt sie sich selbst. Gerade dadurch entfalten sie Verbindlichkeit.**

__Zahlreiche Unternehmen arbeiten sich zurzeit an diesen Organisationsmodellen ab, weil deren Entscheidungsträger spüren, dass die im Organigramm symbolisierte Art der Zusammenarbeit nicht mehr funktioniert. Es gibt eine Menge Fehlstarts und viel Sand im Getriebe.

__Die Ursache für die Geburtswehen liegt in der Schwierigkeit, sich vom alten Denken zu lösen. So versuchen wir Scrum und Holacracy als Mittel zu nutzen, mit dem wir Agilität und Dynamik erzeugen wollen. So ganz nach altem Muster: »Wenn wir die Prozesse nur genau genug beschreiben und deren Umsetzung konsequent erzwingen, werden wir über Nacht eine vitale Organisation.« Wir wollen die alten Hierarchien und Statussymbole beibehalten und benennen die Abteilungen einfach in Circles um. Der Lead Link in einem Circle versteht sich irrigerweise als Abteilungsleiter und nicht als jemand, der eine anerkannte und gleichberechtigte Rolle unter mehreren einnimmt.

__Das kann so nicht funktionieren. Scrum, Holacracy & Co. sind keine Mittel zum Zweck, sondern das Ergebnis eines Denkens und Handelns, das durch Eigenverantwortung und Dynamik geprägt ist. Sie bieten auch keine Patentrezepte zur Gestaltung einer vitalen Organisation – so groß unsere Sehnsucht nach Allheilmitteln auch sein mag. Wir müssen uns schon die Mühe machen und den Anregungen zur guten Führungspraxis in diesem Buch folgen, um eine neue Form der Zusammenarbeit zu ermöglichen. Auf der Suche nach dem passenden Organisationsmodell müssen wir unseren eigenen Weg finden und das Machbare mit dem Wünschenswerten in ein nach vorne gerichtetes Spannungsfeld bringen.

__An das Ende dieses Buchs setzen wir daher einen erprobten Vorgehensvorschlag. Er führt alles Vorangesagte in einem Bild zusammen und schlägt eine begehbare Brücke von der Old Economy in die Welt der neuen Zusammenarbeit.

// DYNAMOGRAMM STATT ORGANIGRAMM

Setzen Sie an die Stelle des klassischen Organigramms ein Dynamogramm. Es unterscheidet sich vom Organigramm durch fünf Merkmale:

1 / Der Chef steht nicht oben, sondern im Zentrum. Seine Aufgaben sind es, beste Leute für verantwortungsvolle Aufgaben zu gewinnen und die Zusammenarbeit unter ihnen und ihren Verantwortungsbereichen sicherzustellen.

2 / Sie führen Aufgaben zu sinnhaften Lösungsteilen zusammen. Einer der Mitarbeiter der Lösungsteile übernimmt die Verantwortung dafür, dass die Zusammenarbeit in- und außerhalb dieses Arbeitsbereichs funktioniert und die vereinbarten Ziele erreicht werden. Er denkt stets an das Ganze und wird nach dieser Fähigkeit und Bereitschaft ausgewählt.

3 / Projektbasierte, interdisziplinär zusammengesetzte Teams bearbeiten nach Scrum-Methodik klar definierte, übergeordnete Themen oder entwickeln neue Geschäftsmodelle. In den Teams agieren Menschen, die für die Dauer der jeweiligen Projekte aus ihren angestammten Lösungsteilen freigestellt sind und agil zusammenarbeiten wollen.

4 / Das Dynamogramm ist durchdrungen von Kunden und Partnern (haben Sie jemals in einem Organigramm einen Kunden abgebildet gesehen? Eben!). Kunde und Partner sind, wo immer sinnvoll, in die Lösungsteile der Organisation einbezogen: bei der Neuentwicklung von Produkten, beim Controlling von für sie relevanten

Lösungen, bei der Gewinnung von Mitarbeitern, mit denen sie es in Zukunft zu tun haben werden. Die Grenzen der Organisation nach außen lösen sich in einem netzwerkbasiert arbeitenden Unternehmen auf.

5 / Wie der Name sagt: Das Dynamogramm befindet sich in dauernder Bewegung und passt sich laufend an veränderte Rahmenbedingungen an. Mindestens bei jedem Wechsel der dynamischen Strategie ergänzen oder verstärken Sie neue Lösungsteile, verändern deren Zuordnung, beenden andere.

__In einigen Lösungsteilen – beispielsweise in herkömmlicher Produktion – optimieren Sie bis auf weiteres bestehende standardisierte Prozesse. In anderen arbeiten Sie agil. Damit trägt das Dynamogramm der Tatsache Rechnung, dass wir für eine Übergangszeit standardisierte Prozesse und agile Formen der Zusammenarbeit in unseren bestehenden Organisationen kombinieren müssen. Bestehende ertragreiche Geschäftsmodelle finanzieren unsere Tastversuche in die Zukunft.

__Diese Gleichzeitigkeit ist herausfordernd. Eine faszinierende Führungsaufgabe. Fangen Sie heute an!

DYNAMOGRAMM™

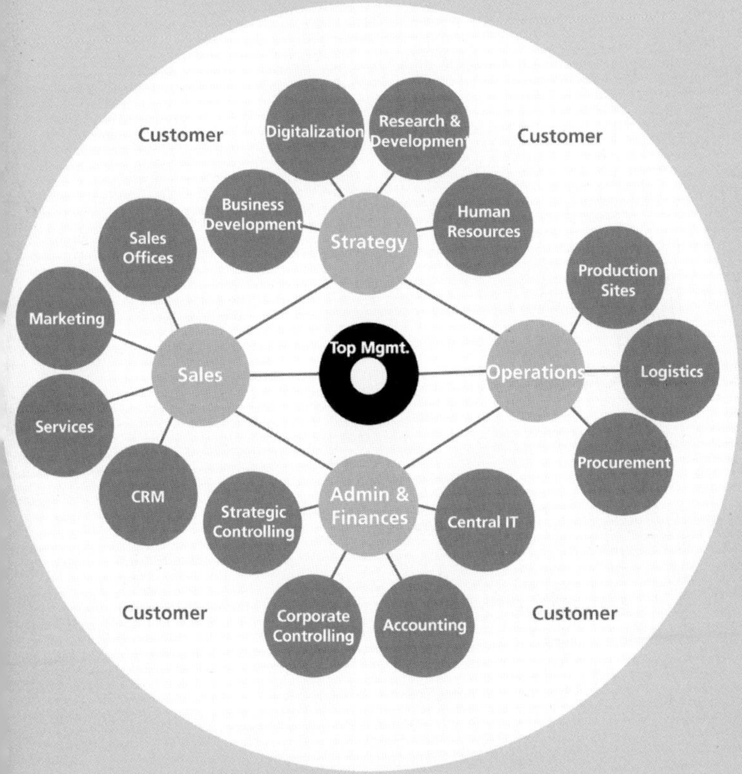

Markus Baumanns, promovierter Historiker mit Studium in Köln, Oxford und Wien, hat zwei internationale Elitehochschulen mit aufgebaut und geleitet. Er war Vorstandsmitglied einer der größten privaten Stiftungen in Deutschland.

Torsten Schumacher, promovierter Kaufmann mit Studium in Mannheim, Köln und Barcelona, blickt auf über 25 Jahre Managementberatung zurück. Unter anderem leitete er die Strategieberatung von Accenture, der weltweit größten Beratungsgesellschaft.

Gemeinsam gründeten sie 2010 die »company companions« in Hamburg.

www.companycompanions.com